"十二五"普通高等教育本科国家级规划教材

东华大学服装设计专业主干教材

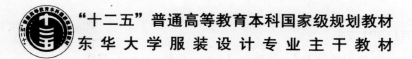

FASHION DESIGN

服装设计——6

服装设计实务

（第 2 版）

刘晓刚　李 峻　罗竞杰　曹霄洁　编著

U0377401

上海市一流学科建设项目资助

东华大学出版社

图书在版编目（CIP）数据

服装设计实务 / 刘晓刚等编著. —2 版. —上海：东华
大学出版社,2014.10
（服装设计;6）
ISBN 978－7－5669－0564－2

Ⅰ. ①服…　　Ⅱ. ①刘…　　Ⅲ. ①服装设计　Ⅳ. ①
TS941.2

中国版本图书馆 CIP 数据核字（2014）第 149598 号

责任编辑　徐建红
封面设计　Callen

东华大学服装设计专业主干教材

服装设计 6：服装设计实务（第 2 版）
FUZHUANG SHEJI 6：FUZHUANG SHEJI SHIWU

刘晓刚　李　峻　罗竞杰　曹霄洁　编著

出　　　　版：东华大学出版社（地址：上海市延安西路 1882 号　　邮政编码:200051）
本 社 网 址：http://www. dhupress. net
天猫旗舰店：http://dhdx. tmall. com
营 销 中 心：021-62193056　62373056　62379558
电 子 邮 箱：425055486@qq. com
印　　　　刷：苏州望电印刷有限公司
开　　　　本：787 mm×1092 mm　1/16
印　　　　张：12
字　　　　数：320 千字
版　　　　次：2014 年 10 月第 1 版
印　　　　次：2014 年 10 月第 1 次印刷
书　　　　号：ISBN 978－7－5669－0564－2/TS・508
定　　　　价：37.00 元

前　言

　　"服装设计1—6"是素以纺织服装学科著称的东华大学通过长年教学实践经验积累而形成的服装设计专业本科生系列主干课程,分为"服装设计概论""男装设计""女装设计""童装设计""专项服装设计""服装设计实务"6门既相对独立又前后贯通的系列课程。为了"教学有教材、授课有课本",东华大学服装学院组织专家学者和骨干教师,在2007年前后相继编写出版了与本系列课程配套的同名系列教材。经过多年使用和多次印刷,本系列教材已形成了一定的社会影响力,并申报成为"十二五"普通高等教育本科国家级规划教材。

　　2008年,在学校的重视支持下,在师生的共同努力下,东华大学"服装设计"系列课程获得了"国家级精品课程"称号;2009年,承担该课程教学任务的团队获得了"国家级教学团队"称号。

　　近年来,伴随着我国经济建设取得的辉煌成就,服装产业也发生了巨大变化。无论是服装的设计、生产、销售,还是品牌的延伸、推广、维护,或是行业的供应、服务、配套,整个服装产业链都有了长足进步。作为承担服装设计人才培养主要任务的高等服装设计教育,各高校结合当地服装产业基础和学校办学特色,教学内容和培养模式也都在一定程度上有了与之相适应的变化。为了主动适应行业变化和人才需求,作为国家级教学团队的东华大学服装设计教学团队,有责任也有义务,对原来的"服装设计1—6"课程进行改革,并编写符合新的服装产业发展形势的专业教材。

　　本次教材编写出发点是坚持既定培养目标,配合教学改革计划,保持原有教材特色,调整部分章节结构,优化深化核心内容,新增学科前沿知识,融入行业通行手段,在专业建设必须满足连续性建设要求的基础上,增加适应产业变化的灵活性,成为经得起时间考验的,既方便于掌握服装设计一般规律和系统知识,又有利于熟悉服装设计业务流程和实操技能的本专业经典教材。

　　东华大学设计学科被列为"上海市一流学科"建设,服装设计专业是其中的重要建设内容之一。本系列教材的编写出版受到该建设项目的资助。

FASHION DESIGN
目录

第一章
服装设计实务的内涵

从字面上理解，实务通常是指具有现实意义的操作标准、操作流程、操作方法等实际问题，亦指实际工作、实质工作、现实任务、实际操作、具体操作等。"实务"往往相对"理论"而言，强调其操作性、实践性和结果性。

与"实务"有一个相近的名词，叫做"业务"。业务是指两个或两个以上组织为了某种共同目的而需要合作或处理的工作事务，可以理解为岗位工作、行业工作、商业任务等等。业务在不同领域均有不同所指，比如，在科学领域有科研业务、军事领域有训练业务、教育领域有教学业务等等，各领域业务成绩出色的人则称为业务标兵。在具有经营性质的各行各业里，业务通常指销售、交易方面的事务；特指如何接洽生意，业务员被指专门承揽业务的人员。

在实际工作中，实务和业务两个概念因存在某些共性特征而往往容易混用或难以区分。两者的差异在于：实务偏重于某一具体事物的操作性，业务偏重于某种交易合作的外联性。

第一节　服装设计实务的定义与特征

　　服装设计实务是近年来出现的名词,与这一词汇相近的有业务、事务、任务等。为了后续课程在论述上的方便,明晰实际设计工作中的分工,本节将从广义和狭义两个方面,对服装设计中的实务做一个概括性界定。

一、定义

(一)广义定义

　　服装设计实务是指一切围绕服装产品开发任务而展开的实际工作,包括流程制定、环节落实或结果评价等实际工作。在现实工作中,服装设计实务的内容非常广泛,它可以包括趋势研究、设计策划、样品制作、实物评价等产品设计开发的核心工作,也包括业务洽谈、签订合同、物品采购、业务管理等一些保障上述核心工作得以顺利进行的辅助工作(图1-1)。在此,服装设计实务并不是指创意、构思、表达等"设计"工作本身。

　　相对而言,设计工作中的事务性内容比较琐碎、宽泛,工作成绩往往因工作本身或工作过程的显示度有限而不够突出,但它却是非常重要的工作,对提高和辅助核心设计工作的质量大有裨益。有时,这些工作被认为不是设计师的工作,比如为了开拓新业务而进行的业务接洽、为了监督产品质量而进行的生产跟单等,但是,如果一个服装设计师不懂或不会做这些工作,必将难以把控整个设计工作的进程,从而影响整体工作质量的完成度。事实上,设计师在实际工作中,将不可避免地承担相当数量的与设计任务有关的事务性工作。

图1-1　服装设计实务的内容非常广泛,包括一切围绕服装产品开发任务而展开的全部事务性工作

(二)狭义定义

　　服装设计实务是指在服装设计工作中实际发生的事务性工作。有一个与"实务"相近的词,叫做"业务",在服装行业中称为"服装设计业务"。"业务"原指行业内需要处理的事务,通常多指销售事务,即进行或处理商业上相关的活动。

　　服装设计业务是指具有内外联合共同完成特征的设计合作工作。一般来说,设计工作中的专业性工作比较复杂、难度较大,但它能体现一个设计师或一个设计团队的专业水平,是个人或企业的核心竞争力,其工作成绩往往可以用比较明确的标准进行考核,也经常被认为是设计师的主要工作,大部分服装院校的专业课程设置主要围绕着这些内容进行。

　　本课程"业务"特指设计任务中的专业性工作而非事务性工作。专业性工作是指完成主要任务所必需的具有专业知识含量的技术工作,也即未经专业训练人士难以完成的工作内容,其中包括本课程所分列的服装设计的前期、中期和后期三大块主要工作,它们对实现工作目标负直接责任,是引领辅助工作所包括的全部工作内容和工作方向的核心工作。

二、特征

尽管服装设计与家具设计、电器设计、餐具设计、玩具设计等一样，都属于设计学科中的产品设计范畴，但是，就整个操作过程来看，服装设计业务不同于其他产品设计业务，有其因服装产品本身特点而形成的固有特征。了解这些特征，有助于人们在操作服装设计实务时有一个更加清晰和全面的认识。

概括起来，服装设计业务主要有以下几个特征。

（一）连续性

服装设计业务具有连续性特征。由于服装是人们一年四季离不开的实用生活物品，也是百货公司等市场经营中须臾不能或缺的大宗零售商品，因此，服装是销售上不能断档的常年连续运转的商品，所以，服装设计工作也必须跟着销售季节的变化，一刻不停地不断推出新产品。企业一般总是在一个销售季节的新产品开发刚结束，就立刻投入下一个销售季节的新产品开发。有时，一家服装企业会按照销售季节或产品品类的需要，配备两套或两套以上设计团队，前后交错地分别负责各自的产品开发工作。

这里所说的销售季节与自然季节不是一个概念。自然季节是根据当地气候变化划分的季节，一般分为人们熟知的春、夏、秋、冬四个季节。销售季节是指按照销售规律划分的季节，按照服装行业通常做法，一般把销售季节分为春夏、秋冬两个季节。因此，服装行业的国际惯例往往按照春夏或秋冬两季进行流行趋势发布，服装零售市场每年的大规模产品换季也集中在初春或初秋进行。服装设计业务也是按照这一特点，一般分为两个季节进行产品开发。如果把销售季节分为春、夏、秋、冬四个季节，往往会使设计工作更加琐碎、更为繁重，工作成本也随之提高，不过，有些服装企业依然会在春夏和秋冬两个大的销售季节基础上，细化产品的季节性特征，按照月份或星期设定产品上货波段，把销售季节分为4个或4个以上。

（二）琐碎性

服装设计业务具有琐碎性特征。由于款式、色彩、材料、工艺等构成服装产品的设计因素很多，流行变化的速度很快，产品品种复杂多样，再加上品牌推广、终端维护、顾客服务等销售环节比较复杂，不仅专业性设计工作显得十分琐碎，细小环节很多，而且事务性日常工作也混杂其中，因此，服装设计业务表现出相当的琐碎性。企业必须考虑到方方面面的衔接关系，协调好厂家、商家、顾客之间的利益平衡，才能最高效益和最大程度地完成整个产品开发工作。

服装设计业务的琐碎性主要表现在必须逐一解决在设计过程中将会遇到的每个实实在在的、不可回避的具体细节问题。比如，每件产品上使用的缝纫线就有颜色、型号、材质的考虑，纽扣的选择也会遇到直径大小、颜色、材质、外形、手感等问题，或者在纸样和样衣之间的打样与修改的多次反复与确认等都需要一一确认的细节问题。此外，设计过程中的沟通、评审、管理等环节也是需要认真仔细地对待的十分琐碎的工作内容。

（三）漫长性

服装设计业务具有漫长性特征。相对一些其他产品的设计工作而言，除了表演服装、仪式服装等临时应急的设计任务以外，大部分为服装品牌而进行产品开发的服装设计业务都比较漫长，因为创建品牌本身就是一项需要时间验证的十分漫长的工作。以这部分业务为例，按照目前的行业状况，一次完整的品牌服装产品设计周期从头至尾一般至少需要半年以上。造成服装设计业务漫长性特征的主要原因是服装产品的季节性。

　　服装设计业务的漫长性主要表现为对设计业务的跟踪服务需要较长时间。就设计行为本身而言，设计一件服装的过程并不十分漫长，有时甚至比设计某种其他产品耗时更短，寥寥几笔即告完成。虽然被认为是设计师主要工作的产品设计画稿所需要的完成时间可以掌控在设计师手里，但是，一个服装销售季节一般需要半年时间，其中可能会出现要求补充新款式等工作指令，或者要求设计师经常性地在商场内为新产品出样，此时即意味着设计工作并没有结束。这种漫长性还体现为不同销售季节之间在产品上的关联度，其目的是为了维护产品在品牌风格上的延续，有利于消费者识别品牌。

（四）前瞻性

　　服装设计业务具有前瞻性特征。出于服装是最能体现穿着者个性和与穿着者物理距离最接近的产品等原因，几乎没有一种其他产品比服装产品更讲究流行性，流行的主要特征之一是产品更换的快速性，而服装产品单价较低和制造迅速等特点，为快速推出新款式提供了条件。由于服装产品对流行元素有很高的要求，各个服装品牌都希望把准时尚的脉搏，走在时尚的前列，设计过程的漫长性原因也对服装设计业务提出了必须跨季节进行的要求，因此，服装设计业务对产品中的前瞻性提出了顺理成章的要求。为了做到这一点，服装设计工作也被要求提前展开。

　　服装设计业务的前瞻性主要表现为提前对产品流行趋势做出准确的判断。为此，专门从事流行预测业务的研究机构在服装企业开始产品设计之前，就已完成未来流行趋势报告。这一前瞻性通常提前一年到两年。比如，国际流行色协会提前两年发布"国际流行色趋势报告"，世界最具权威的面料展法国第一面料视觉展（Premiere Vision，业内简称"PV展"）展出的是参展商们提供的提前一年研发的面料新样品（图1-2）。服装企业则根据这些前瞻趋势或者自行研究成果，将产品的设计工作提前一年甚至更长时间进行。

图1-2　每年两届的法国PV展是面向全世界的顶尖面料博览会

三、关系

　　实务与业务两者的关系是：①实务涵盖业务。本课程指的服装设计实务将围绕服装设计业务展开,亦指为了帮助设计业务完成的实际事务。相对来说,业务比实务更为单一,范围也更小,并且被包含在实务之中;②两者词义相当。在本课程涉及的范围内,"实务"与"业务"的词义比较近似,其区别在于,前者是全部工作的总称,具有现实操作之意;后者是技术工作的分类,具有专业实现之意;③易于现实混淆。在实际工作或生活用语中,这两个概念往往难以明确区分,没有本质上的差异,有时甚至经常被混淆、对换或等同,在不同的工作场合下,两者的所指往往被混为一谈,只是在对这两个词的词义联想上显得有些差异而已。这种差异表现为,在不同工作场合下使用这两个词会出现不同的含义,比如,在接洽工作任务时经常说"业务"而较少说"实务",在区分工作性质时往往说"实务"而不常说"业务"。在实际工作中,人们经常遇到的是"业务"一说,行业内的岗位分工也只有"业务员"而没有"实务员"。

因此,本课程所说的"实务"也尊重行业内的一般说法,是指以"业务"为主线而展开的与设计有关的全部工作。

第二节 服装设计业务的分类与特点

根据目的、要求和表现的不同,服装设计业务可以分为很多类型。在现实工作中,一项设计业务往往需要具备特定而明确的目标,难以简单地采用一种分类方法对其界定,因此,绝大部分设计业务需要从多种分类角度进行界定,才能将某项设计业务描述清楚。比如,只有从时间、对象、内容、结果等多个分类角度,才能将某项"冬季的、女性的、成衣化的、样板"等特定内容的"女装设计"业务界定为"秋冬女装成衣样板设计"。

一般来说,服装设计业务可以分为以下几种类型。

一、按客户分类

(一) 服装企业设计业务

服装企业设计业务是指来自于服装企业的业务。这种业务既可以是本服装企业内部计划的,也可以是其他服装企业委托设计的,一般是用于以品牌名义进行市场销售的时尚类服装设计。比如,运动装设计、女装设计、休闲装设计等。由于设计业务的发起者是对设计业务的内容、规格及流程都非常熟悉的业内企业,相对来说,业务开展之初不需要太多铺垫环节,即可直奔主题。因此,在业务的技术沟通上比较容易达成共识(图1-3)。

(二) 社会团体设计业务

社会团体设计业务是指来自于社会各界的业务。这种业务一般是各类从事非服装经营业务的社会团体(包括其他行业的企业)委托的团体服装设计。比如,工作服设计、演出服设计、校服设计等。由于设计业务的发起者对设计业务不太熟悉,在沟通中将会耗费较多的时间,用于解释、示范等方面的工作,才能达成双方的共识。因此,此类业务必须加强基于普及专业知识方面的沟通工作,将专业知识通俗化。

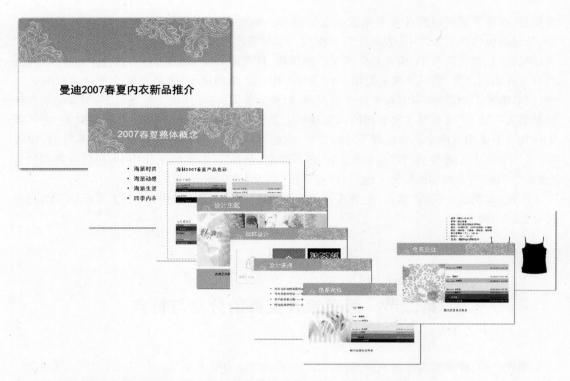

图1-3　设计力量薄弱的服装企业会将产品设计业务外包给有能力的企业或者工作室

（三）政府部门设计业务

政府部门设计业务是指来自于各级政府及直属机构的业务。这种业务一般是政府部门委托的制服设计，也可以是大型活动的团体服装设计。比如，检察制服、公安制服、军队制服、国家庆典服等。由于此类业务要考虑设计结果的社会影响力，对设计方案的审核程序及审核结果比较慎重，意见反复较多，而且经常会进行公开性的社会招标，因此，这些业务一般耗时较长，流程较复杂，承接此类业务的设计团队应该做好充分的思想准备。

二、按属性分类

（一）定制设计业务

定制设计业务是指为了满足个别客户的特殊需求而进行的设计业务。这种业务一般是个人客户委托的特殊订单，通常产品数量不多，但各项要求较高，必须以特定客户为对象，以特殊要求为标准，并完成单件生产。比如，高级定制服装、婚纱礼服的设计等。由于这些客户往往不是专业客户，不具备将设计稿转变成实物的制作条件和制作能力，因此，需要承接设计的团队能够完成从设计到制作的整个过程。

（二）成衣设计业务

成衣设计业务是指为了满足产品的批量生产要求而进行的设计业务。这种业务一般是设计能力较弱的业内企业委托的生产性行为，也是大部分设计机构的主要业务。由于委托方需要根据设计结果进行批量化产品生产，使得设计结果所对应的产品投入巨大，其成功与失败将直接关系到委托企业的市场表现,甚至涉及其生存,因此,设计者在此类设计业务中的经济责任较为重大。

(三)周边设计业务

周边设计业务是指与服装设计主流业务相关的其他设计类业务。这种业务一般是主流业务的补充,属于与服装事业相关的辅助性设计,比如,店铺陈列设计、培训课程设计、品牌网页设计等等。此类业务往往由其他设计领域的设计团队完成,但是,出于时间紧迫等原因,在要求不十分严格时,可以交给服装设计团队完成。

三、按性质分类

(一)概念设计业务

概念设计业务是指针对未来产品而提出的具有前瞻意味的新产品设计业务。这种业务的重点并不是为了实现产品即时销售的需要,而是以着眼于未来市场变化的姿态,提出具有预见性的新概念产品方案,达到在市场上树立品牌形象和在行业内表现技术高度的目的。为了确保设计结果的先进性和唯一性,概念设计往往需要极强的原创设计能力,或以申报成功的专利技术为重要内容,使竞争对手既因为顾及知识产权而不敢模仿,也迫于技术高度而难以模仿。

(二)产品设计业务

产品设计业务是指针对用于现时销售的服装的设计业务,特指成衣服装产品的设计业务。这种业务是全部服装设计业务中的最主要业务,需求量大,时效性强,其成功与否的首要标准是以产品销售量的高低来衡量的。设计力量薄弱的服装企业一般都有这方面的业务需求,国际上服装产品开发的现状也证明了此类业务将是我国服装产品开发的未来趋势。本课程将以此业务作为重点讨论的内容。

(三)趋势研究业务

趋势研究业务是指针对未来市场可能出现的需求而开展的流行趋势预测工作。这种业务一般由拥有较高行业地位的专业机构自行布置,往往是这些机构在分析和总结了当前市场动态以及消费心理变化之后,对下一年度服装市场走向作出预先猜测的结果。研究结果可以分为虚拟和实物两种,但前者居多,并且不承担直接经济责任。因此,其面向某个具体品牌的针对性不是很强,而是一种凭借专业水平对行业及市场所做的判断(图1-4)。

四、按数量分类

(一)单一设计业务

单一设计业务是指完成整个设计任务中的某一项内容。这种业务的委托方一般具有相当水准的设计能力,甚至拥有规模不小的设计团队,但是由于涉及的产品品类范围局限或团队的设计风格固化等原因,需要依靠更为专业、更具创新的设计力量弥补自身在技术或创意上的不足。比如,擅长设计和生产梭织面料服装的企业,为了开拓针织面料服装,往往需要求助于在此方面更具专业优势的设计团队。

(二)多项设计业务

多项设计业务是指完成整个设计任务中的多项内容。这种业务的委托方一般也拥有一定

图1-4　流行趋势研究是服装设计业务中的重要内容之一

的设计能力,为了快速完成整个产品设计开发任务,而将其中的多项设计任务外发给社会上的
独立设计机构,自己完成最为擅长的一部分设计任务。比如,某个产品品类齐全的休闲装企业
自己完成主要产品开发,将与之配套的服饰品和VI系统等设计任务组成一个业务模块,委托给
该企业以外的设计机构完成。

(三)完整设计业务

　　完整设计业务是指完成整个设计任务中的全部内容。这种业务的委托方一般是不具备设
计能力的生产型企业,从产品设计到品牌形象设计、从店面设计到包装设计等所有涉及设计的
工作,都打包成一个完整的设计业务,委托给专业设计机构。此类业务具有系统性强、涉及面
广、耗时较长、费用较大等特点,要求承揽方配备各方面的设计人才,拥有较广泛的设计资源,具
有非常全面的专业素质。

五、按特长分类

(一)性别类设计业务

　　性别类设计业务是指以穿着对象的性别为目标对象的设计业务。这种业务首先以男女性
别区分,随后才是不同品类区分,比如男装、女装中的男式正装设计、女式休闲装设计等。按照
消费者性别,服装企业的产品经营范围基本上可以分为男装企业、女装企业,目前也有男女装都
包括的综合企业。因此也就有了基于消费者性别分类的设计业务,随着时间的推移,设计团队
将因为长期从事于某种性别服装的业务而形成业务专长。

(二)场合类设计业务

　　场合类设计业务是指以服装的使用场合为穿着环境的设计业务。这种业务的设计范围是以穿着场合区分的,根据休闲、运动、商务、礼仪等不同场合,把设计业务的范围定为休闲装、运动装、商务装、礼仪装等,不一而足。由于对不少承揽方来说,设计业务来源具有某种程度的局限性,他们会十分珍惜眼前的客户,希望拥有为数不少的稳定的回头客户,如此一来,业务范围内的设计品类也会相应收窄。

(三)等级类设计业务

等级类设计业务是指以服装品牌的等级为出发点的设计业务。这类业务可以把品牌按照大众品牌、高端品牌、奢侈品品牌等粗略地划分,在设计业务的完成形式和产品中的设计含量等方面提出不同的要求,其收费标准也会相应地水涨船高。相对而言,越是高等级品牌越是讲究设计含量,这些品牌中的成熟企业由于自身的设计能力较为强势,一般很少将主要设计业务外发给设计机构,而是依靠企业自己的设计团队内部完成。

六、按结果分类

(一)画稿设计业务

画稿设计业务是指业务完成结果到画稿为止的设计业务。这类业务相对比较单一,只要求业务完成的递交形式以画稿为准,其前提条件是委托方必须拥有样板设计和样品制作等后续能力。由于部分设计机构的制作设备和技术能力往往不及生产型企业,为了节省业务经费和快速体现设计结果,技术能力强的委托方往往采用自行打样的办法,解决画稿完成以后所必备的样板和样衣等技术实现工作(图1-5)。

图1-5 画稿设计业务是指业务完成结果到画稿为止的设计业务

（二）样板设计业务

样板设计业务是指业务完成结果到样板为止的设计业务。这类业务有两种情况，一种是从画稿到样板设计，另一种是仅仅只有样板设计。相对而言，前者是多项式业务，其工作量较大；后者是单项式业务，其工作量较小。由于从画稿到样板的过程存在着某些不确定因素，比如样板师的经验，同样的画稿可能会出现局部处理不同的样板，为了让承揽方解释设计的最终效果，委托方会要求把设计业务做到样板为止。

（三）样品设计业务

样品设计业务是指业务完成结果到样品为止的设计业务。这类业务也有三种情况，一种是从画稿到样品制作，另一种是从样板到样品制作，还有一种是仅仅制作样品。前者是较为完整的设计业务，后两者是部分的设计业务。一般来说，第一种业务类型较多，第二种业务类型居次，第三种业务类型较少。对承揽方来说，越是居后的业务类型的附加值越低，对委托方来说，承揽方的样品制作未必能达到自己的要求。

七、按责任分类

（一）主持设计业务

主持设计业务是指从工作责任及其工作形式的主从关系上进行分工合作的设计业务。这类业务与产品品类、业务时限或客户对象等因素并无直接关系，只是在业务的工作责任上有所区分，业务主持者将承担业务的主要责任与风险，一般由专业经验丰富、业内口碑良好、具有组织能力的一方担任业务的主持工作，其主要工作是确定整个业务的方向性框架结构、设定完成业务的各项标准、掌握业务经费分配等。

（二）协助设计业务

协助设计业务是指以业务参与者的身份，帮助和配合主持设计者完成整体工作的设计业务。这类业务在分工上主要从事辅助性的、基础性的或局部性的工作，比如收集资料、实施调研、市场分析、绘制草稿、整理文案等，尽管其所承担的工作量未必很少，有时甚至要承担绝大部分颇为繁琐的事务性工作，但是在承担责任方面则比较轻微，精神压力较小，因此，其工作性质仍然处于协助地位。

八、按时间分类

（一）短期设计业务

短期设计业务是指耗用在业务上的时间较短的业务。这种业务一般是指一次性的且在短期内必须完成的业务，通常来说，此类业务的内容不太复杂，品种较少，系统性弱，应急性强，设计程序也比较简单，因而耗时较短。此类业务的全部设计内容一般要求在数天或数周内完成。比如，小型演出服；为数不多的款式设计、花型设计、样板设计等。

（二）中期设计业务

中期设计业务是指耗用在业务上的时间介于短期设计业务和长期设计业务之间的业务。这种业务一般用时稍长，难度和数量显然要比短期业务要求高，通常来说，如果此类业务的难度较高，则数量不多；如果数量较多，则难度不高；或者两者要求都不高，但是程序要相对复杂一些。

（三）长期设计业务

长期设计业务是指需要长时间或跨季度进行的业务。这种业务一般用时很长，其难度或数量要求较高，系统性强，程序复杂，因而耗时很长。一个单项长期业务的时间一般需要连续半年以上，或者几个相同的中期业务的累计也可认为是长期业务。比如，某个品牌在整个销售季节的全盘货品设计、流行趋势跟踪研究、多年固定客户的产品设计等。

第三节　服装设计业务的流程与要求

虽然由于委托客户、目标群体、产品品类以及业务内容的不同，服装设计业务在业务的完整性、时间性、设计含量等方面均有不同的要求，但是，从总体上来说，它们的主要流程和基本要求还是比较一致的。

一、流程

流程是指一个或一系列以确定的方式发生或执行的连续而有规律的行动，并导致特定结果的实现。国际标准化组织在 ISO 9001:2000 质量管理体系标准中给出的定义是："流程是一组将输入转化为输出的相互关联或相互作用的活动。"建立业务流程的目的是为了业务的规范化、高效化和节约化，每个设计团队都应该有符合自己的实际情况的业务流程。为了提高团队工作的效率，发挥每个成员的业务专长，在面对工作量大、时间紧迫的服装设计业务时，需要整个设计团队从商业化角度出发，采用流程化操作手段，以最低的成本、最快的时间、最准的方向、最好的效果，出色地完成设计业务。

（一）流程的特点

流程既不是解决为什么而做、也不是追究为什么这样做而不那样做，而是解决怎么做的问题，即怎样才能更好地实现决策确定的目标，而不考虑或者改变组织的这一目标。从流程的这一主要性质来看，服装设计业务的流程具有以下几个特点。

1. 目标性

流程是为了完成明确的目标或任务而设定的。没有明确的目的性，流程的建立将会失去正确的方向，导致资源浪费等情况发生。对于服装设计业务来说，目标的种类非常繁多，流程也需要据此而做出相应的改变。

2. 内在性

流程内部每个环节的相互关系决定了流程的内在性。流程的内在性可以考察一个流程的建立过程与建立结果是否符合科学原理，是否可以达到资源输入的最小化、中间过程的合理化和目标输出的最大化。

3. 整体性

整体是一种相对"部分"而言的若干对象，按照一定形式构成的有机统一体。就服装设计业务流程而言，构成整体的部分可以是多个团队成员、多个工作环节、多个工作阶段或多项工作目标,这些部分必须在流程中发生合力作用。

4. 动态性

流程具有"流动、流转"之意,决定了它是在运动和发展当中变化的,流程将按照一定的时序关系徐徐展开。流程的这一特点要求人们在建立流程时,必须考虑来自于各个方面的动态因素,预先想到应对意外情况的补救措施。

5. 阶段性

流程的动态性决定了流程是由每一个阶段组成的,每个阶段有各自的阶段性目标和任务,这些阶段性目标往往只是初具形态,难以达到最终完成的状态。因此,考核这些目标时,需要设定一些阶段性标准。

6. 结构性

受流程的内在性影响,流程表现出结构性特征。这种结构性在流程中体现为各个部分的层次关系,成为实际工作中的顺序关系,能够从组织架构上解决一个团队内部的主从关系、工作责任等问题。

(二)流程的原则

为了实现组织制定的预期目标,必须建立一套适合执行业务的流程。尽管每家企业或每笔业务的性质和内容不太一样,但是,业务流程的基本原则却大同小异。因此,根据流程的上述六个特点,在建立业务流程时,一般应该遵循以下几条原则。

1. 资源的合理配置

建立流程的重要内容就是考虑资源的合理配置。对于任何一支设计团队来说,资源总是有限的,几乎没有一支设计团队会认为自己掌握的资源已经足以应对任何难度的设计业务。即使是一个强大的设计团队,面对一项简单的设计业务,显示出资源充足,也需要合理地使用这些资源。合理配置资源的标准是考量资源的投入与产出之比、资源与业务的匹配程度,以及资源在使用中的便利性,最大限度地减少资源浪费,充分用活用好资源。

2. 过程的科学严谨

科学是运用范畴、定理、定律、解析等思维形式,在尊重客观事物的基础上,致力于揭示支配事物的真相、本质和规律,得出反映客观事物固有规律的系统知识。科学的过程本身不仅包括获得新知识的活动,而且还包括这个活动的结果。科学本身是一种严谨的工作态度,严谨的流程可以避免业务在执行过程中出现缺项或差错。由于设计业务往往表现出一定的艺术工作特征,存在"发散有余、严谨不足"的弊端,如果在艺术思维中融入科学之严谨,就能使科学与艺术相得益彰。

3. 环节的相互作用

环节是组成相互关联的事物中的一个部分,每个环节都将在一个整体系统中发生相互作用。当流程中的环节保持逻辑上的合理性和资源上的共享性时,将对整个流程产生支持作用,反之,则产生抵消作用。这是由流程本身必须具备和优化工作上的功能性这一流程的最基本要求之一所决定的。为了实现上述目标,流程的建立必须首先保证其能够"流"得起来,注意各环节之间的衔接关系,其次是保证流程在流转过程中的流畅性,排除阻碍流程流转的不利因素。

4. 结果的预期实现

流程是为结果服务的,设计业务的结果应该根据人们的预期,可控性地出现。这一结果是否能够预期出现,关键在于结果本身是否具有存在的现实性,比如,某项设计业务要求在规定的时间内使设计的每个款式都达到100%畅销,这一预期本身是违背服装零售市场的客观规律的,难以在现实中兑现。因此,服装设计的结果是一种对尚未实现的未来现实的预期,建立流程的目的是选择一个能够保证最大限度地实现这一结果的业务运作系统,其中体现了主客观意愿的结合。

5. 对象的满意程度

从业务关系上来看,服装设计业务是一种授受关系,有处于主动地位的授予方和处于被动地位的接受方。这种关系在行业范围内将出现两种情况,一种是发生在外部单位之间的委托方和承揽方,一种是发生在企业内部之间的发令者和执行者。如果考虑市场因素,对象还可以包括所有以服装产品相联系的直接或间接的利益关系者,比如消费者、代理商、供应商、零售商等。当然,设计业务的结果首先要让业务的委托方或发令者满意,其次才是得到利益关系者特别是消费者的满意。

6. 价值的真正创造

从价值角度来看,流程是一个资源消耗或资源转移的过程。在这个资源转换过程中,只有在知识的参与下,使原有价值产生增值,创造出新的价值,才能体现设计的价值。流程中的每一个环节都会涉及成本控性问题,然而,成本控制又会影响到流程的流畅性。在建立设计业务流程时,成本与结果是一对不一定成正比的辩证关系,可以通过流程的科学性进行调节。

(三)流程的方法

建立服装设计业务流程的方法应该以尊重此类业务的特点和原则为前提条件,结合具体的设计业务和设计团队的实际情况进行。从时间安排上看,建立流程的主要方法通常有以下三大类。

1. 串行法

串行法是基于业务环节以单独推进并逐个连接的方式进行的设计流程,它包含一系列按时间先后顺序排列的、相对独立的工作步骤,分散于不同职能部门的每个环节依次执行。服装设计业务通常会包括目标顾客需求分析、流行主题概念设计、设计方案细化设计、产品技术实现、设计结果评估等几个主要阶段,同时还要对款式、图案、色彩、材料、工艺、样品等多项因素进行可行性分析、审查、评估与改进。这些阶段中的某些工作是可以同时推进的,有些则必须依次进行,采用串行设计流程是强调了全部设计工作内容必须依次进行。

串行法的最显著特点是以新产品发展路线为导向,各个职能部门分工明确,设计开发信息垂直传递,工作路线清晰,整个流程管理方便(图1-6)。其优点是各个工作步骤十分清晰、有序,在完成上一个环节的基础上,进入下一个环节,因而不易出现程序混乱、责任不清等现象;其缺点是耗费周期长,易产生时间延误、感觉疲劳等弊端。因此,串行设计流程是许多中小型品牌服装企业常采用的设计流程,适合业务工作量不大、对时间要求不严格的设计业务。

采用串行化设计流程的关键在于:必须从设计业务的最初阶段,对各个环节的不同职能及其能力进行评估,对设计业务流程的合理性、可操作性、盈利性等因素加以控制,及早发现、协调和改正新产品开发设计中出现的程序配合及设计质量等问题。

2. 并行法

并行设计流程是将原来完整的串行流程分解为若干个功能模块,在时间顺序上同时或交叉进行,使各功能模块中的成员及早地参与新产品设计开发。并行化设计的产生是由于服装市场

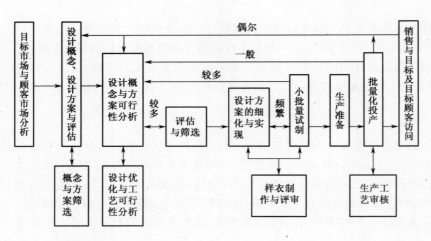

图 1-6　串行设计流程

　　竞争的激烈和人们生活节奏的加快,要求品牌服装企业必须有足够的能力快速设计、开发并生产出多品种,满足目标顾客个性化需求的服装新产品。

　　并行法的最显著特点是以工作环节节点为导向,各个职能部门必须兼顾其他部门,设计开发信息水平传递,工作路线复杂,整个流程的管理难度较大(图 1-7)。其优点是通过增加每一时刻可容纳的设计环节或内容,从而使整个新产品设计开发流程尽可能同时推进,由此实现缩短新产品开发周期,提高其上市速度与服装产品的竞争力;其缺点是工作横向联系复杂,参与人数较多,工作进度协调困难。因此,并行设计流程适合时间短暂、工作量大的设计业务,对于那些产品复杂、设计团队庞大的品牌服装企业而言,这种流程的有效性尤其明显。

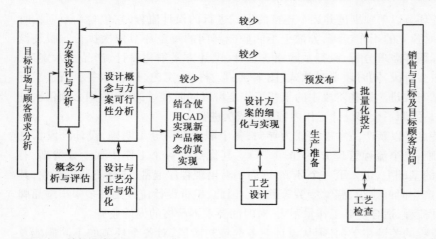

图 1-7　并行设计流程

　　采用并行化设计流程的关键在于:必须从设计业务的最初阶段,对各个环节的不同职能及其能力进行评估,对设计业务流程的合理性、可操作性、盈利性等因素加以控制,及早发现、协调和改正新产品开发设计中出现的程序及质量问题。设计团队必须在确保产品质量的前提下,充分合理地利用企业现有的包括设计、技术与人力等各种内部与外部资源,缩短新产品开发时间,降低成本。

3. 结合法

结合法是有针对性地分别采纳串行法与并行法中的合理部分,从工作流程的功能性上解决具体设计业务中的实际问题。由于服装市场的多样性和服装流行的快速性,基于串行法的设计流程或基于并行法的设计流程往往不能很好地解决某些设计业务个案,因此,人们试图寻找一种从开始阶段就完整考虑整个产品生命周期中所有因素的设计流程,达到两全其美的目的,结合法正是基于这种想法而形成的。

串行法虽然简单易行,便于最大限度地对业务过程进行直观掌控,但却存在着令人不能容忍的时间消耗,会因此而延误稍纵即逝的市场机会。而并行法包括许多各具目标的子过程,如营销模块会以盈利为目标,设计以款式与品牌风格为目标,生产技术部门会以生产优化为目标,它们之间会有相互作用,相互制约,可能随时发生冲突。

结合法的最显著特点是以业务目标为导向,解决问题的路径灵活多变,耗费的时间可长可短,可以在整个业务流程中,根据业务目标和团队结构,将串行法与并行法任意结合,通过在设计团队内部实现设计开发协调的事前解决和矛盾出现后分析相关因素并协调解决的同步解决等两种方法,减少或避免问题。其优点是既能适当缩短时间,也能协调多方矛盾,较早发现系统上的问题;其缺点是结合法也有自己的局限,在资源有限的情况下,不能解决任何业务的任何问题(图1-8)。

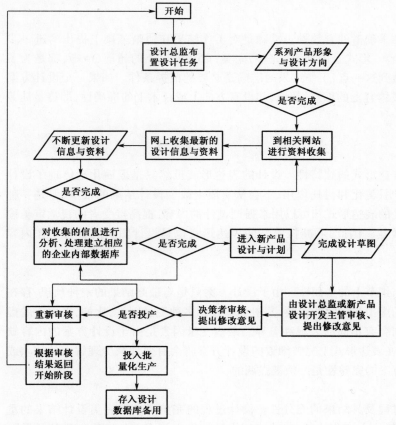

图1-8 结合设计流程

二、要求

即使面对不同客户、不同周期、不同数量的设计业务,服装设计业务也有相对一致的基本要求。这些基本要求具体表现在业务的内容、形式、时间、执行等方面。

(一) 内容要求

1. 超前

超前主要表现为设计结果具有的前瞻性。产品设计在很大程度上是对未来市场的预判,就某件产品而言,服装是使用时间比较短暂的快速消费品,其使用时间短暂的原因并不是因为质量而造成的,而是因为快速变化的时尚而导致了一件服装产品生命的短暂。而且,从图稿到实物需要一个生产周期,从产品到商品需要一个上架周期,正是由于这些原因,要求服装设计业务的内容必须带有超前性。

2. 清晰

清晰主要表现为阶段性工作结果的明确性。服装设计业务需要一个团队配合完成,团队工作需要进行沟通,沟通的媒介是每个阶段的工作结果,如果这种结果是含糊不清的,或者是残缺不全的,将会妨碍沟通的顺利进行。特别是在不同部门或不同工种之间的沟通,更需要对工作过程表达十分清晰的内容和结果,切不可为了图自己的方便省事而减损必要的信息,造成对方在理解上的困难。

3. 准确

准确主要表现为工作结果确凿的有效性。准确是对工作结果在清晰基础上提出的进一步要求,包含了方方面面的内容。形式上的新颖、完整、完美,以及内容上的超前、清晰,都是为了工作结果的真实有效。要做到这一点,工作结果的准确是必要的前提条件。如果一个设计方案只是形式上的花哨、漂亮,或内容上的细致、超前,却没有方向上或技术上的准确性,那将是徒劳无功的。

(二) 形式的要求

1. 新颖

新颖主要表现为设计表达形式的独特性。设计的表达形式虽然只是表面化地体现了设计的结果,对设计结果起着说明、美化和衬托作用,不会从实质上改变设计结果的根本,但是一种新颖独特并且乐于被人接受的表达形式却可以用来强调设计的内容,提高接受者的视觉审美愉悦和后续配合环节的工作效益。因此,不断探索新的表达形式也是设计团队的日常工作内容之一。

2. 完整

完整主要表现在整体与细节上的全面性。由于设计方案只是对最终结果的一种预想,存在着从二维纸面到三维实物的虚拟与现实的转换,其中会牵涉到多种变量因素,比如,平面上的虚拟空间与实物中的现实空间会有不同的表现和差异。某些变量因素是由于设计方案的内容缺损或表达不规范引起的,而在表达形式上完整细致的设计方案将会有效地减少理解上的偏差或技术上的摩擦,因此,设计方案的完整性是必须被强调的。

3. 完美

完美主要表现为设计过程及其结果的充分性。设计过程的完美是获得完美设计结果的重要保证,只有抓住设计过程每一个细节的完美,才能使设计结果也是完美的。比如头脑风暴的过程、调研的过程、起稿的过程、沟通的过程等,都须尽可能做到完好无缺。过程的完美并没有标准可言,不同业务以及不同客户对完美的要求也不尽一致,充分、踏实、细致、周密,是设计在形式上达到完美的最一般要求。

(三)时间的要求

1. 快速

快速主要表现为工作节奏上的干练性。由于多个业务环节合为一体的缘故,一项完整的服装设计业务可能需要花很长的时间,如果将此分解开来,则是一个个相对独立的部分。每个部分应该在尊重工作规律的基础上,尽可能快速地完成,特别是对于稍纵即逝的设计构思等环节来说更是如此。缓慢的工作节奏既不利于每个业务环节的进度,也有损于整体业务上的推进。这也是服装设计工作的性质决定的。

2. 提前

提前主要表现为时间节点上的紧迫性。由于服装是时效性非常强的流行商品,产品开发工作必须紧紧跟上销售季节的时间节点,否则会影响销售业绩。因此,服装设计业务不能在完成时间上出现整体上的耽误,只能在约定时间未到之前,做一些各环节之间的内部微调。所以,整个业务进度只许提前,不能拖延。如果条件允许,应该尽可能留出一定的时间给后续环节,保证整体上的按时完成。

3. 关联

关联主要表现为整体行动上的协调性。一项完整的服装设计业务往往会涉及到市场部、采购部、生产部、财务部等许多部门,即使是单纯的画稿设计业务,也会涉及设计团队内的各个环节,为了节省时间,服装设计业务通常以并行工作的方式进行。这就需要每个环节的工作具有密切关联,使设计工作的各业务板块在时间进度、执行标准和客户沟通等方面相互协调,保证工作的有效性。

(四)执行的要求

1. 系统

系统主要表现为整个团队在工作关系上的条理性。当前的服装设计业务越来越明显地出现了团队化工作的趋势,提出了根据预先编排好的工作规则和工作目标,步调一致地完成任务的系统化工作要求。在此过程中,设计总监或项目总监的作用十分重要,只有发挥了他们在工作中的有序性、协同性和逻辑性,集合各方智慧,做到每个个体工作的环环相扣,才能高效率地完成设计业务。

2. 成本

成本主要表现为设计工作在资源消耗上的经济性。从成本角度来看,完成业务的过程也是一个成本转移的过程,必然会发生不同程度的资源消耗。如同资源的概念一样,成本的概念也是综合的,包括可以折算成价格的时间成本、人力成本和材料成本等。服装设计业务是一种经济行为,应该在执行过程中讲究经济效益,在保证工作结果正常化的前提下,尽可能做到控制成本核算。

3. 责任

责任主要表现为个人在承担工作职责上的明确性。明确的工作职责是一种工作团队在工作责任上的限定与承诺,能够成为具有约束力的审核标准。职责不清的后果是遇到问题时,无人承担,无从追究。服装设计业务的系统性和复杂性决定了其工作过程中可能会出现不少变数,并且会因为流程长、细节繁、环节多等原因,造成职责不清的局面。因此,服装设计业务的执行过程必须事先分清每个岗位的工作职责。

本章小结

　　服装设计专业是一个十分强调应用性的专业,需要以服装产品为主线,解决一切来自于服装行业内外的、与服装产品有关的实际问题,这些问题本身以及解决这些问题的过程都可以称为服装设计实务。本章从定义、特征、分类等几个方面,讨论了服装设计实务的概念和内涵,同时,结合服装设计业务的流程,进行了特点、原则、方法等一般性论述,从内容、形式、执行和时间四个方面,提出了服装设计业务的基本要求,为后面展开的课程做一个常识性铺垫。

思考与练习

　　1. 可以从哪几个方面对服装设计实务和服装设计业务进行更为细化的区分?

　　2. 从服装设计业务的特征来看,开展短期、中期和长期业务时需要注意哪些问题?

　　3. 为什么要针对具体的业务建立具体的业务流程? 建立服装设计流程的关键要素是什么?

服装设计业务的基础

　　服装设计业务的基础建立在宏观和微观两个基础之上。宏观基础是指服装产业的需要,它是随着这个产业的不断成熟,使得服装设计的任务越来越多,并且出现了越来越普遍的设计外包现象,导致了服装企业内部或者服装设计机构对设计业务质量和数量的不断提高。微观基础是服装企业或服装设计机构的需要,它是两者是否具备更好地完成设计任务而必须拥有的专业技术实力和专业操作规范,同时也是服装设计部门存在于服装企业的理由,更是独立的服装设计机构在行业内生存的基础。

第一节　服装设计业务的宏观基础

随着我国经济的快速发展,逐渐成熟起来的服装企业对经营诉求发生了很大的改变,从以前对产品品质、使用功能等方面为主的经营诉求,转变为向时尚潮流、创建品牌等方面的经营诉求,服装企业在策划服装产品时会更多地关心流行趋势、产品风格、品牌形象等因素,开始重视对品牌文化的追求,进行品牌文化的传播,关注服装与社会形态的互动,由此带来绿色生态设计观、功能性设计观、民族风设计观等各种服装设计新思维,极大地丰富了服装市场。另外,一大批在出口危机中感到必须建立自有品牌才能长期立足行业的外贸型服装企业也开始加入内贸大军,加剧了服装市场竞争,这就不可避免地对服装设计业务提出了新的要求和挑战。

概括起来,国内服装行业出现了以下几个特点:

一、中小型企业居多的产业集群

产业集群是企业建立在专业化分工和协作基础上的集聚,是生产同一产品或提供同一服务的相关企业在一定地理空间上的集合群体。产业集群在世界各国的迅速发展及其对国家和地区经济发展的重要贡献,使其成为近年来众多学科关注的热点。先后有专家学者以服装产业品牌构建为基本理论,根据产业集群理论发展的历史轨迹,探讨和定义服装产业集群品牌的基本内涵、概念,并对服装产业集群品牌建设进行 SWOT 分析,确定纺织服装产业集群的品牌发展战略和品牌建设体系框架[①]。比如,地处上海的以纺织服装为特色的东华大学,其相关专业的专家教授们利用上海的中心城市地域辐射之优势,足迹遍及长三角 16 个城市的纺织服装产业集群,服务于当地政府的产业规划和当地企业的技术升级,项目内容涉及产品设计、品牌创建、技术开发、经营管理、资产整合、企业并购、产业规划等方方面面。

尽管我国服装产业获得了举世瞩目的发展,连续十几年名列全球服装出口第一大国的位置,但是,我国服装企业却是以中小型规模居多,目前我国服装企业总数已超过 8 万家,其中规模以下企业数量高达 6.65 万家(不包括作坊式服装加工企业)[②]。由此可以看出,我国服装企业大部分属于中小型企业,其中有实力的品牌服装企业不多,大部分为出口加工型或贴牌加工型企业。数量如此庞大的服装企业都需要不同程度地进行服装产品开发,为服装设计业务提供了良好的业务基础。

二、服装设计业务的集中化竞争

在以"地缘化"为特征的服装产业集群内,对服装设计业务的需求也出现了"设计集聚化"现象。根据一项不完全统计显示,围绕着专业市场、出口优势、龙头企业等发展特点,目前我国已经形成了 133 个地缘化服装产业集群,主要分布在珠三角、长三角与环渤海地区三大经济圈,并以此为中心向周边地区辐射。传统意义上的纺织服装大省,如浙江、福建、广东、江苏、山东等地成为主要生产地区,出现了众多以生产某类产品为主的区域产业集群,形成了当地的产品特

① 中国纺织工业协会:《2008 年纺织技术学科发展研究报告》,2008.10
② 国家统计局: www.stats.gov.cn

色,如山东的诸城男装、即墨针织服装,江苏的常熟羽绒服,浙江的杭州女装、宁波男装、织里童装、嵊州领带,福建的晋江休闲服、石狮牛仔服,广东的中山休闲服、南海女士内衣、大朗毛衣、潮州婚纱晚礼服等等,出现了"人人做服装,家家有织机"的繁忙景象。另外,也出现了一批承接外贸订单的服装加工基地,如江苏金坛的服装出口加工区、浙江平湖的服装出口加工区等等,与此同时,各地也形成了一系列与生产加工配套的专业服装市场。例如:江苏的无锡、常熟、常州、江阴,浙江的宁波、温州、桐乡、平湖,福建的晋江、石狮、泉州,广东的广州、中山、东莞等城市分别建立了衬衣、牛仔服、休闲服、针织服、运动服、茄克衫、休闲裤等各种不同特点的专业市场(图2-1)。这些产业链完善的服装产业集聚地已成为当地经济发展的主体,促进了区域经济迅速发展,对当地经济发展的贡献率日益增长。随着我国劳动力成本上升等原因,服装产业出现了向中西部转移的趋势,湖南、河南、四川等非纺织服装省份也出现了一定规模的服装产业集群。

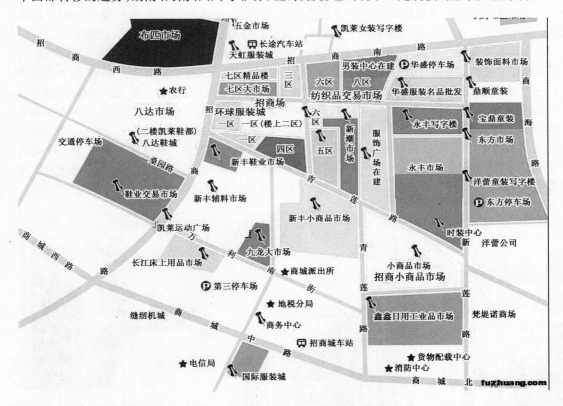

图2-1 常熟招商城,2008年6月27日在北京人民大会堂被中国商业联合会授予"中国品牌服装中心""中国男装中心"

在这些地缘化的服装产业集群中,绝大多数服装企业都是缺少雄厚设计实力的中小型服装企业,有些企业甚至没有自己的服装设计部门,尤其是一些从批发转向专卖,从原来的小规模经营扩大为买下品牌贴牌权的企业,已经不能依靠过去的简单摹仿和任意抄袭来满足品牌化发展的需要,而是必须自行开发产品。此类企业一般没有优秀的设计人才,需要借助更为专业的设计机构力量,完成服装设计工作。

在社会分工日益细化的发展趋势下,中小型服装企业的经营任务更多地向加工、销售方向发展,产品设计工作相对比较薄弱。另外由于成本、成效和管理等因素,这些生产型中小服装企业宁可缩减甚至取消自己的设计部门,将具体的产品研发任务委托更为专业的设计机构完成。因此,从总量上来说,在这些地区存在着大量的服装设计业务,这一实实在在的产业需求催生了大大小小的服装设计机构。由于产业集群是表现为某个门类产品的集中,因此,这些企业内部的或者服装设计机构的服装设计师的设计专长也主要围绕着这些企业的产品门类而展开,加剧了设计工作岗位的同质化竞争。这也表明,在此工作环境下,提高服装设计业务的综合能力显得非常有必要。

三、服装设计业务的行业化现象

正是由于服装产业集群对服装设计业务的大量需要,使各种形式的服装设计机构应运而生。由于社会上存在大量不具备设计能力的小型服装公司,服装设计机构便应运而生了。它是一种非常专业化的技术团队,主要以提供服装专业知识产品为服务内容,经营灵活,涉及面广,拓展性强。这些服装设计机构以服装设计工作室、服装设计公司、服装商务咨询公司、服装设计中心、服装设计研究所、服装流行预测中心等名义出现,其规模不一,有小到一个人的,也有大到上百人的(图2-2);业务内容形形色色,有专门设计流行服装的,也有以设计T恤图案为主的;业务能力多种多样,有完成产品设计全过程的,也有仅完成个别环节的;业务范围大小不一,有仅为地区服务的,也有涉猎更广区域的;凡此种种,构成了整个服装设计机构的面貌。从总体上来看,它们中的大部分都是规模比较小的经营体,有些甚至就是一个自由职业者完完全全的个人行为。为了方便论述起见,在此,我们将所有这些企业或个人统称为"服装设计机构"(图2-3)。

图2-2　彰显设计师个性与品位的某服装设计工作室

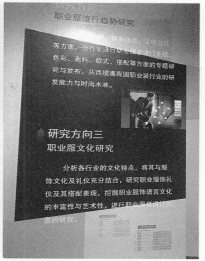

图2-3　高校和企业联合创办既专业又贴合市场的服装研究中心

图2-4　无数个服装设计机构的诞生,聚拢了不少为其提供配套服务的小企业或个人的经营行为

无数个服装设计机构的诞生,聚拢了不少为其提供配套服务的小企业或个人的经营行为,比如,打印社、面料市场、辅料市场、裁缝铺等,形成了蔚为可观的服装设计业务行业化现象,"服装设计行业"因此而成为一个与服装产业配套的行业(图2-4)。从行业属性上来看,它属于目前政府大力提倡的创意服务行业中的新兴子行业。这些机构既相互竞争,也相互依靠。竞争是市场经济的必然规律,依靠是由于个别机构实在太小,难以完成某些复杂的设计任务而不得不寻求合作,相互之间派发业务。由于这一事物在我国服装产业出现的时间不长,缺乏相应的行业规范,更没有可以参照的行业标准,使得这个"行业"必然出现诸如专业水平高低不等、服务质量良莠混杂、职业行为出入较大等亟待改善的现象。基于这一缘由,这一行业,特别是其中的一些企业提出了服装设计业务规范化的要求,在不断克服和进步的过程中,也将"提高设计实务水平"这一日常性工作要求作为了服装设计业务的"旁生业务"。

第二节　服装设计业务的微观基础

在服装行业内,相对于其他部门来说,无论是服装企业内部的设计部门,还是独立在外的设计机构,都是专业设计人才的集中地,也是行业内的知识密集型人才团队所在地。对于服装设计团队内部来说,尽管业务的大量涌现是一个激动人心的契机,但是,能否抓住机遇,通过出色地完成设计业务来壮大自己的团队,则需要以具备完成业务的条件和能力为基础。

一、企业的业务声誉卓著

企业声誉是承接设计业务的重要保障。企业声誉不是空穴来风,它是以表现不俗的经营业绩在业内赢得口碑的。这也从一个侧面证明了企业的综合实力,包括企业的硬实力和软实力。就设计业务来看,企业的硬实力是指企业为设计工作配备的硬件条件,比如,工作场地、图书资料、机器设备、配套资金等等;软实力是指企业所拥有的软件条件,比如,人才队伍、技术能力、团队精神、品牌价值、社会资源等等。

对服装企业来说,上述条件可以帮助内部设计团队很好地完成设计任务,使设计工作的结果获得很好的市场回报。对于设计机构来说,良好的声誉是承揽设计业务的金字招牌,能借此获得更大更复杂的设计业务,设计团队的工作附加值也因此而得到提高。在服装产业中,设计团队的主要任务是为服装企业提供专业服务,设法在较短时间内,通过较低的成本开支和较高的工作质量,帮助企业完成产品开发工作,解决终端形象和品牌提升等一系列难题。

企业声誉是在天长日久的扎实工作中积累起来的。企业的责任之一是为实现工作目的创造良好的工作氛围,提供优质的工作条件,建立有效的资源网络,健全科学的管理机制,让设计人才最大限度地发挥工作才能。这一切也是获得企业声誉的必要基础,这是因为,这些基础能够为出色完成设计业务提供保障,从而为企业声誉增添光彩,并形成业务与声誉的良性循环。为此,企业应该舍得投入,保证设计师不会遇到"巧妇难为无米之炊"的尴尬。

二、团队的合作经验丰富

团队合作是完成设计业务的重要基础。从目前服装企业拥有的设计业务的特点来看，一项完整意义上的服装产品开发任务一般不可能由一个设计师独立完成，而是必须在一个由多人组成的设计团队的通力合作之下，才能保质保量地完成该项任务。因此，团队合作的形式已经成为完成服装设计业务的主要方式，设计团队的综合水平也在完成设计业务的过程中显示出越来越重要的作用。服装设计团队主要是由企划员、调研员、设计师、样板师和样衣工组成，有时，策划师或调研员可以由设计师兼任。如果是独立的设计机构，还需要配备业务员、管理者、采购员、跟单员等工作岗位。从属于服装企业的设计团队的组织结构相对比较简单一些，独立的服装设计机构的组织结构则相对复杂一些，这并不是说，服装企业设计团队不需要其他成员的配合，而是这些成员一般分属于服装企业的其他部门，比如，企划员属于市场部或企划部，采购员属于生产部等等。相比较服装企业来说，服装设计机构的运作成本较低，不需要大量的资金，一般也不存在令服装企业最感头痛的货品积压的风险。不过，两者的主要工作任务和工作方法大致相同。

设计团队的整体合力可以反映出其专业水平。从人员规模上看，设计团队是服装产业链上一个小小的环节，从重要性来看，它是这条产业链上一个十分重要的环节。如果把服装行业看成浩瀚无边的大海，把服装企业比作大大小小的游鱼，那么，设计团队就是海洋里的浮游物。特别是其中的独立设计机构，由于其不受制于某家企业，设计思维更加活跃，专业视野更加开阔，设计技能更加专业，可以让服装市场更为灵动，能推出更受消费者欢迎的丰富多彩的产品。相比生产型企业缺乏设计灵活性的特征，成熟的设计机构能够帮助服装企业开发出更有设计感的新产品。针对小型服装公司来说，这些设计机构能够承担这些公司的新产品开发任务，推出有概念的产品，而这些公司也节约了开发团队建设方面的精力和开支，可以把更多的注意力集中到商品的生产和流通渠道上。

三、个人的执行能力出色

个人执行能力是完成设计业务的重要保障。尽管一项完整的服装设计业务总是交给一个设计团队完成，但是，这一业务一定是经过分析和分配之后，必须化整为零地落实到每个团队成员的身上，分头执行。因此，体现了设计师个人专业水平的设计业务执行能力在很大程度上影响了设计工作的最终效果，这就需要设计师具有很强的专业技术能力。这种能力是知识与技能的综合体，光靠书本知识和课堂技能还远远不够，必须在社会实践中不断积累，才能转化为胜任复杂多变的设计业务的基础。

由于设计团队内分工各异，每个具有不同专业背景的人员均各司其职，其专业素养和工作成果将直接影响设计业务中的其他环节。在很多情况下，很难分辨一个设计团队内哪个岗位更加重要，在不同时间段内，它们承担着不同的工作职能，发挥着不同的功效，所以，此时的团队意识就显得格外关键。任何个人在设计团队内的人格地位是相等的，只有工作环节上的分工不同，尤其对于小型独立设计机构来说，和谐的工作关系十分重要，人们可以在这个领域里发挥专长的同时，学习其他工作内容。通过这类学习，可以加强个人对服装设计业务系统性和服装生产管理知识的认识，在实践中学习磨练自己，将过去只是道听途说的其他专业知识，转化成另一种有用的经验。比如，设计师可能要担当业务员的角色，操作业务洽谈方面的事宜。

因此,小型设计团队更能锻炼个人业务水平,顺应了当前一个人必须掌握多种专业技能的职业发展趋势。

第三节　服装设计业务的业务来源

业务来源是任何企业经营活动存在的重要基础,也是企业不遗余力地寻找的工作源头。服装设计业务是设计团队的工作之本,没有了设计业务,设计团队就没有了存在的理由。由于我国服装产业的体量庞大,服装市场结构不够完善,加上国外服装品牌涌入我国内销市场,竞争态势日益激烈,为了寻求生存空间,服装企业不断地深入产品研发,扩展销售网络,希望在增加自身综合实力的同时,不惜血本地推行品牌战略,通过市场推广,提升消费者对品牌的忠诚度,从而进一步扩大市场规模。这些举措都需要大量适销对路的新产品支持,但是,很多国内服装品牌本身的设计开发能力不强,面对市场竞争分身乏术,无力培养专属的设计团队,需要从专业设计机构"借船出海",因此,目前国内服装行业并不缺乏设计业务。

然而,由于种种原因,除了服装企业本身消化的设计业务以外,这些设计业务并不平均分配到每家独立设计机构身上,出现了设计业务占有量的"二八"现象,即20%的设计机构占有80%的业务,剩余的80%设计机构分食另外20%的业务,成为困扰不少设计机构的生存问题。就目前情况来看,服装设计业务的主要来源有以下几个方面:

一、原有客户

原有客户是指以前曾经发生过业务关系的老客户。在以前的业务圆满完成的前提下,以及在新业务的难度没有太多增加的情况下,这些老客户依然会将新业务交给原来的设计团队完成。因为这种知根知底的业务委托方式可以节省不少寻找新设计团队的时间,以及与其磨合的精力,从而降低了业务成本,提高了工作效率。所以,通过高质量的业务完成结果,维护与原有客户的关系,是设计机构保持业务来源和良好生存的重要手段。

二、社会关系

社会关系是指能够介绍新业务的各种社会资源。设计机构起先的设计业务往往是通过社会关系介绍的,所以,设计机构的社会关系是非常重要的资源财富。这些社会关系不一定是服装行业内的,也可能是服装行业之外的,比如一些制服定制之类的业务,很可能需要通过亲朋好友的推荐,才能顺利找到进入的门道。由于所处行业背景的不同,社会关系介绍的业务有大有小,有简有繁,在设计机构刚开始发展业务的阶段,通过业务树立起来的口碑往往比业务本身带来的利润更为重要,因此,对于专业能力有限的设计团队来说,必须对业务内容进行选择,在能够保证业务完成质量的前提下,才能承接该项业务。

三、潜在客户

潜在客户是指当前不甚明了但有可能成为正式客户的行业需求。其中,上门洽谈是将拥有委托业务的潜在客户发展为正式客户的主要方式之一。在设计机构尚未建立起业界威望之前,上门洽谈是其寻找业务来源的主要途径。有些服装公司或贸易公司的手头都有大量的设计业务,他们也在寻找适合外发这些业务的设计机构。但是,上门洽谈的成功几率较低,特别是采用过于简单的上门方式可能会使洽谈无功而返。因此,上门洽谈要注意方式方法,在恰当的时间,采用恰当的方法,找到恰当的人员,才有可能使洽谈行为有所收效。比如,可以通过事先预约好时间,做好充分的各种准备之后,才能上门去谈。一般来说,如果对方能够提供预约时间,能够见面洽谈的话,那么业务还是有希望谈妥的。在与对方建立联系以后,有机会要经常和客户保持良好沟通,了解客户背景和需求情况,找对洽谈的时机。

四、订货会

订货会是指用来进行预订产品和信息沟通的专业交流场合。订货会的主办者既可以是客户方,也可以是某些行业组织,还可以是设计机构本身。在前两者主办的订货会上寻找商机仍然属于上门洽谈,后者是设计机构面向未来客户的主动寻求业务的商业行为。设计机构可以参加一些服装交易订货会,通过道具、图文以及数字媒体作传播工具,把自己的设计能力和服务特色亮出来。完美的形象有助于承揽业务,如有需要,可以做一些能够引人注目的推广活动。参加专业活动的另一个主要目的是搜集客户资料,即可以从中寻找业务机会,也能够在行业里打开知名度,让业界知道自己的设计团队。

五、发布会

发布会是指以新产品或新信息为内容进行对外公布的专业活动。服装发布会主要针对一些专业人士和媒体展开,一般以各地举行的时装周、博览会为载体,在一些星级酒店、时尚中心或者展览中心作为展示的场所,也有以创意园区甚至仓库空地等地方作为发布会的场所,进行最新时尚的发布。发布会通常是服装企业以品牌的名义,举行对未来销售季节的产品预演,也可以是设计机构对流行趋势的研究结果,前者发布的服装一般以成衣化的产品为主,其主要目的是吸引订货;后者发布的服装则可以是完全强调视觉震撼力的新潮设计概念,其主要目的是展示自身对流行的理解,与外界进行专业交流,并借此吸引潜在客户(图2-5)。

六、企业网站

企业网站是指以网络为工具、以网页为窗口,寻觅和招揽客户的企业展示平台。随着互联网在人们的生活、学习、娱乐和工作中发挥越来越大的作用,网站也成为一种可以发展新客户和联络老客户的工具,特别是一些有定制制服等需要的非服装行业的企业或团体,也会通过网络寻找能够承担起业务需求的设计团队。利用企业网站作为业务来源有两种情况,一种是通过别人已经建立的网站上寻找,这些网站可以是服装企业的官方网站,也可以是提供供求信息的专业网站;一种是设计机构自己建立的网站,通过一些网络技术手段,维护好自己的网站,成为人们了解自己的窗口(图2-6)。

图2-5　品牌举行时装发布会在发布当季优秀设计作品的同时,彰显着自己品牌的文化与理念

图2-6　目前企业都非常重视企业网站的建设,将企业网站作为企业对外宣传和与外界联系的窗口

第四节　服装设计业务的行业规范

行业规范是指同属一个行业内的企业相互遵守的竞业游戏规则。生活经验告诉我们：首先必须了解游戏规则，才能玩好游戏。即使是同一个行业内部，各个企业情况也十分复杂，造成了每个企业进行对话的平台高度不同，如果没有相互遵守的行业规则，必然引起一定程度的竞争秩序混乱。市场竞争相当于竞争者同时玩一场游戏，为了维护业内秩序的相对稳定，建立一定的游戏规则，可以使游戏者的行为有据可循，它将起到维护行业竞争秩序的作用，对每一位参与游戏者都是有益的。

每个行业或每一种业务都有自己的行业规范或业务规则。服装设计团队也必须遵守一定的行业规范，才能使自己的业务稳步发展。从职业道德、操作要点、业务标志等方面来看，设计团队需要做得更为深入细致，遵守其中的常规做法和标准，才能"得道多助"，稳固自己的业务来源。

一、职业道德

职业行为往往以职业道德为准绳，衡量其得失与优劣。简单而言，这种职业道德具体表现为保密、原创和守时三个方面。

（一）原创性

原创性是指设计团队坚持诚信原则，始终以最具原始创意意味的设计结果交给客户。服装设计业务的主要价值在于"人无我有"的原创性，这是绝大部分客户期待的设计工作结果。尽管设计行为中并不完全杜绝模仿行为，这些模仿行为有时是客户默许或要求的，但是，设计的真谛是原创，始终坚持原创性的设计团队不仅可以获得同行的尊敬，也能换来客户的赞誉，还能不断提高自身的职业素养和技术水平。如果将反复移植使用或剽窃抄袭得来的所谓"设计"结果应付客户，无异于自掘坟墓，这个设计团队也不可能得到正常发展。

通常而言，大部分设计团队一般都自恃甚高，认为自己从来不会缺少原创的思想，因此，在业务时间可控的情况下，他们通常不会将甲方案用于乙方案，也不会完全剽窃他人作品。但是，某些自律不足的设计团队往往会出于某种非常原因，频频发生违背职业道德的现象，久而久之，挪用、移植、抄袭、拷贝等业界丑陋行迹时常伴随其左右。这些"非常原因"一般是指业务暴涨、主力出走、人手不够、交货期短、资源突变、生疏业务等等。

无论遇到怎样的非常原因，设计团队都应该尽可能恪守合同规定的内容，坚持设计的原创意味。即使出现了上述"非常原因"，也应该与客户及时沟通，在对方允许的范围内，适当变通设计的途径和方法，达到缩短完成设计业务的时间和路径的目的。当然，所有的原创设计都必须以客户满意为前提，不能为了原创而原创。通常来说，创意要考虑迎合多方面的需求，企业的需求、顾客的需求、客户的需求、市场的需求，不一而足。按照惯例，顾客的需求信息是通过市场调研而得来的，面对新的设计任务，企业上级或委托客户一般都会直接表达自身对设计业务的基本要求，比如，作为用于销售的服装来说，两者均会强调设计的实用性，此时的原创既要考虑时尚性，也要考虑实用性。

（二）守时性

守时性是指设计团队严格按照书面合同或口头承诺的时间节点，保质保量地完成业务规定的内容。在社会主流价值观中，守时是一种人人都应该拥有的美德，成为职业道德中最基本的行为规范之一。服装设计业务是一种合作关系，牵涉到围绕着服装产品周转的方方面面。就服装从设计到产品的最一般流程来说，设计画稿完成以后首先进入评审环节，评审通过的画稿要进入样板制作环节，完成后的样板又将进入样品制作环节，评审合格的样品随即进入生产环节，检验通过的产品再进入销售环节。这些环节实质上是以时间为轴线串联起来的，守时的意义自然在其中非比寻常。而且，服装产品具有非常明显的时效性，特别是那些追赶潮流的流行服装，前后几天的上市时间差异将有可能导致完全不同的销售结果。如果此前的设计环节出现了延时现象，势必造成后续环节的层层脱节，将会发生不堪设想的后果。因此，所有的工作都不要拖延时间，否则会影响后面的工作。

为了达到守时的目的，完成业务的时间应该尽可能宽裕一些。在洽谈业务时，让对方给予尽可能长的执行时间，为万一在执行过程中可能出现的突发情况留有余地。比如，如果某项设计业务在正常情况下需要三周时间才能完成的话，那么，和客户谈判时可以说成需要四周或更久。

由于设计业务是一项耗时弹性很大的工作，既可以花费大量时间精心雕凿，也可以紧赶慢赶地草草了事，如果不用其他方案对照和比较，外行几乎看不出个中差异。而设计师往往具有追求完美的心理情节，喜欢将工作做到极致而忘却时间。尽管适当宽裕的时间能够比较放松地做好设计业务，使业务完成的质量有了时间保障，但是，设计又是一项非常商业化的行为，必须讲求成本和效率，其中，时间成本是主要成本之一。

（三）保密性

保密性是指在规定的时间内，合作的各方不得未经对方许可地向外方泄漏合作内容。服装设计业务牵涉到许多商业机密，一切合作细节可以成为保密的内容，比如，设计主题、产品结构、开发流程、产品样式、营销策略、拓展计划、利益分配等等。保密性主要表现在主动泄密和被动泄密两个方面。主动泄密是指经由业务当事人之言行而发生的泄漏机密行为，比如，疏于管理的设计团队往往缺乏良好职业素养，在平时的言谈举止之间，将合作内容不自觉地向第三方流露出来；被动泄密是指第三方以非法手段窃取机密的事件，比如，通过偷窃内部资料、黑客侵入网站等方式而窃取业务机密。

通常情况下，客户提供的商业资料和设计团队的工作内容都要做到保密。从主动保密的角度来说，首先，设计业务担当者要尽可能避免谈论处于保密期的业务情况，即使有朋友询问，同样可以拒绝回答。其次，设计团队内部要建立保密制度，比如文件归档制度、电脑权限制度、合同管理制度等等，要求不同项目的员工之间不越界谈论工作，对家人或者圈子里的朋友也不多谈论。因为一些商业间谍的做法就是广泛接触圈内人士来完成情报的收集和分析工作，对专业人员来说，仅凭对方不经意流露的一句话，就能顺藤摸瓜把事情搞到水落石出。再如，公司的文件和档案不可以随便让外人接触，一些接待工作也要尽可能和工作场所分开，不要混在一起。另外，整体工作可以分割开来分工完成，避免因一个人掌握整个项目而泄露大量信息。

从被动保密的角度来看，首先要建立相关的保密设施，比如，安装资料保险柜、添置文件销毁机、检查网络安全措施、设置安全监测仪等。资料保险柜用来存放一些重要的文件，在用完以后必须物归原处。文件销毁机主要用来直接销毁一些纸质文件,废弃文件因为载有业务信息而不能被随便丢弃。网络安全措施一方面是为了保证公司的计算机不会因为出现问题而影响工作,另一方面是为了防止计算机黑客攻击和偷窃有关的一些重要数据。安全监测仪是为了工作场地在无人时自动进入监测状态,能够更清楚地记录进出工作场地的人员情况。

二、执行原则

执行原则是在业务执行过程中所必须掌握的根本要点和关键所在。各行各业的每项业务都有各自的操作方式和操作过程,也有各自的关乎全盘成败的操作要点,这些方式、过程或要点都应该在某种执行原则下展开,服装设计业务也不例外。这里所指的执行原则是指执行过程中应该遵循的建立在团队合作意识基础上的行为规范和工作态度。服装设计业务的执行可以概括为以下八个原则:

(一)经营合法

经营合法是指一些经营活动必须在法律法规和社会公德允许的范围内展开。合法是一切社会活动有次序进行的基础,作为经营活动的一部分,服装设计业务也必须在国家法律的允许下,在行业规范的认可中,通过正常的职业行为去执行和完成。在服装设计业务中,设计团队经常遇到的是有关知识产权、环保指数、用工付酬、劳动时间、竞争手段等法律问题,如果忽视或无知于这些问题,将有可能使业务的执行受到阻碍,业务执行的结果也会因此而被打折扣。

(二)责任合担

责任合担是指面对可能出现的不利局面或结果,应该抱着诚恳的姿态,业务双方共同承担各自应尽的责任。服装设计业务是设计团队与其他团队合作的结果,在人员众多、情况复杂的合作过程中,难免会出现许多可能会影响到整个结果的不可预见的因素。一旦出现问题,很多人会采用各种借口,相互推诿指责,尽量脱离干系。此时,如果一方以诚信的态度,实事求是地主动承担责任,应该会赢得对方的尊重,能够在业界获得很好的口碑和形象,对未来的业务开拓十分有益。

(三)流程合理

流程合理是指采用合乎客观规律的方法,使业务流程走上科学合理的正规,从而提高工作效率的过程。有些服装设计业务的执行过程十分漫长,合理的流程不仅可以使工作步调正常化,而且可以最大限度地减少综合成本。业务流程是为了完成业务的需要而设立的,业务的性质或内容的不同会使人们设立不同的业务流程,这些流程必须设立在合理的基础上,才能达到执行目标的"多、快、好、省"。这也能充分地反映出一个设计团队的专业水平和管理水平。

(四)目标合度

目标合度是指设计团队应该设定一个张弛有度的工作目标。针对新增项目或未来目标,都应该考虑业务的实际操作能力和团队当前的盈利情况,把一些考核数据做一下演算。一般来说,目标的设立可以依照每周、每月、每月、每季或每年为核算单位,能够在一定的时间段内,给设计团队确定一个发展计划,其中包括要解决哪些问题、要组织什么人员、要占用哪些资源、要准备多少资金等等。通常来说,一个清醒的头脑对业务的完成颇有裨益,计划做得越清楚,管理思路就越清晰。

（五）行为合力

行为合力是指将设计团队的职业行为形成一股合力，集中优势兵力，发挥联合出击的效应，重点解决阶段性的关键问题。通常来说，一个企业的设计团队人员不多，有时一个人往往需要担当多项工作任务，因而非常讲求效率与协作。要做到有效率地工作，除了需要外部因素配合以外，还必须按照职能而不是等级来分工，尽可能地简化或模糊人事结构，所谓"扁平化管理"。在努力提高个人工作效率的同时，要注意提高整个团队以及与外部团队合作的工作效率。

（六）步骤合拍

步骤合拍是指业务执行过程中的每一个步骤必须准确地踏准点位，谋求所谓"靶心"效应。步骤合拍主要体现在两个方面，一是跟随市场流行的步骤。在目前我国服装市场逐渐成熟和竞争激烈的环境下，服装产品的净利润率持续走低，一旦没有跟上流行节拍，有可能会导致产品的失败；二是追赶经营目标的步骤。服装企业往往都会为自己树立一个目标品牌，这些品牌的经营步骤都是追随者极力模仿的对象，如果稍有踏空，看似日益接近的经营目标就会突然远离而去。

（七）方向合谋

方向合谋是指带领和依靠全体团队成员，共同谋划未来的发展方向。当服装设计成为一个独立的行业时，或者服装行业的产品开发水平达到某种高度时，维系服装设计这一职业行为的生存环境将变得日趋严峻，这就需要设计团队有一个明确而可行的发展方向。设计团队内部绝大多数成员都是接受过高等专业教育并普遍拥有较高智商的员工，管理者应该相信集体的智慧，采用适当的机制和措施，鼓励团队成员献计献策，发挥群策群力的威力，共同谋划属于大家的未来业务方向。

（八）结果合格

结果合格是指设计团队必须努力使工作结果合乎行业标准和客户要求，以此作为在行业内继续生存下去的最基本条件。交出合格的工作结果是设计团队最起码的职责，这种合格的含义并非一般意义上的工作交差，而是必须要出色、超群，甚至完美。由于设计结果的可塑性很强，也是对未来的预言，实际上并没有标准可言，即使有所谓的标准，也只是业务供需双方商讨的某种规定，其个案性很强，往往不具备普遍适用性。但是，不管怎么说，工作结果是设计团队证明自身价值和换取生存条件的基础。

三、成熟标志

成熟标志是指外界对业务担当人员或整个团队的工作业绩和工作能力的认同尺度。一个设计团队的业务成熟标志是什么？这是每个与设计业务相关人员都会面临的问题。由于视角不同，每个人都可能对此问题做出不同的回答。从外表来看，一个设计团队业务成熟的最基本标志主要有以下几个方面：

（一）工作结果认同

工作结果认同是指业务委托方对业务承揽方工作结果的接受。如果是外部业务，一般以项目合作的形式，将设计业务委托给设计团队。在项目完成时，委托方通常会组织专门人员，以项目验收的方式，对照事先商定的成果指标，给予恰如其分的评价；如果是内部业务，一般是以任务书的形式，将设计任务下达给设计团队。在项目完成以后，上级部门将组织各相关部门成员进行评审,或者在工作结果被使用或实践之后,做出正确的评价。

(二)订货数量上升

订货数量上升是指因落实了承揽方的工作结果而带来了委托方的业绩提升。这种情况一般发生在以服装为经营业务的企业内,表明了这些企业把认同的工作结果转化为服装产品并争取到了同比上升的订单。比如,批发商因对某服装公司根据出色的设计结果生产的产品满意而增加的订货量。也有非经营服装的用户因为使用了工作结果而引起第三方关注,导致产品订货数量上升的情况,比如,某银行的职业制服被其他银行看中。

(三)业务数量扩大

业务数量扩大是由于在业界获得美名而使得业务委托者增多。这种情况通常发生在服装行业之内,通过业内的口碑传播,把名声扩散开去。一般来说,实行设计业务外发的企业对委托对象的选择比较谨慎,通常会选择那些在业内拥有很好口碑的设计团队,或者以少量的设计业务,外发给对首次合作的设计团队进行试探,一旦得到满意结果,即有可能会对其增加外发业务的数量。

(四)业务难度增加

业务难度增加是因为设计团队得到委托方的信赖而被委以高难度业务。业务数量和业务质量不同,前者可以通过简单的增加人手等办法解决,是数量的变化;后者必须借助增加高水平人才或高技术设备等手段应对,是质量的变化。业务难度的增加意味着业务的专业化程度提高,表明设计团队具有承接高难度业务的能力,比如,全球性大型活动开幕式的表演服装设计、著名服装品牌委托的全面设计业务等。

(五)及时收到尾款

及时收到尾款是指因委托方满意工作结果而按时履约付清尾款。这种情况发生在以设计项目为合作形式的独立经济核算的企业之间,服装企业内部则基本上不存在付款行为,其设计费用由企业内部统筹计算。尾款又称余款,是留存在委托方的最后一笔项目款。对工作结果不满意是拖欠项目尾款的主要原因之一,相反,及时收到尾款则表示委托方非常满意设计团队的工作结果,并隐含着进一步合作的基础和诚意。

(六)合作期限延长

合作期限延长是指委托方为了得到更多更好的技术服务而通过延长合作期限达到此目的的行为。如果这种情况发生在服装企业内部,则是企业聘用的业务人员的劳动合同期限的延长,如果是发生在服装企业之外,则是该企业与他企业(如设计机构)之间的合作合同的续签,或者是原先承诺的分期进行的项目,在前期项目结果获得肯定之后,后期项目得以顺利地延续,也就是委托方对原先承诺的兑现。

本章小结

开拓和发展服装设计业务,必须建立在一个专业的、健康的、稳固的、诚信的良好基础之上,才能使此类业务得以正常开展。本章从宏观和微观两个方面,指出了业务的基础和来源,目的

是让从事这一工作的专业人员根据服装设计业务的特点,遵守目前通行的职业道德,尊重其操作要点,并且列出了服装设计业务的主要成熟标志,作为从业者今后的努力方向。

思考与练习

1. 你认为服装设计业务最重要的基础是什么? 为什么说它是最重要的基础?

2. 从宏观业务基础角度,分析目前存在于服装设计行业的主要弊病是什么。

3. 如果你是创业者,你会从哪些方面开展服装设计业务?

第三章

服装设计业务的前期实务

　　根据服装设计业务的特点,其实务性工作可以分为前期、中期、后期三个主要时间段。前期实务是指尚未进入"设计产品"这一作为服装设计业务主体内容的业务准备时期,也称业务前导期或业务导入期,包括寻找客户、业务谈判、签订合同、分配任务、业务分析、市场调研、资源准备、组织团队、策划方案等几个重要环节。

第一节　服装设计业务的确定

完成服装设计业务,首先是手中必须拥有委托完成的业务。只有遇到这样的业务并把它确定下来,才有可能发生一系列后续的执行业务的行为。任何一项设计业务,哪怕是一支非常成熟的设计团队,依然会遇到"万事开头难"的情况。这里的"开头"不是建设一支设计团队的开头,而是着手一项新业务的开头。每项新业务都是一个新的开始,都会遇到形形色色的问题,不完全是以前成熟经验的套用。为了完成一项新业务,寻找客户是第一步骤。当然,这是针对服装设计机构的设计团队特别是它们中业务量不足的设计团队而言的,至于为本企业服务的设计团队则不存在这个问题。

一、寻找业务

寻找业务是任何业务的第一步骤,其主要目的是通过各种渠道发现具有业务需求的客户,并通过初步接洽,以快速而明了的方式,把自己的业务特点介绍给客户,让客户了解自己,建立起双方之间的初步信任。在此之前,设计团队应该以自己擅长的方式,在最短的时间内了解客户,在谈判之前即了解对方,做到"知己知彼",为后续的谈判和推介奠定必要的基础。

(一)寻找业务的原则

一个优秀的设计机构似乎并不存在寻找业务的行为,其优异的声誉足够为其带来源源不断的新业务。不过,这种声誉是它们长期以来的口碑积累,几乎没有一个设计机构可以从一开始就免除"寻米下锅"的开头,所以,对绝大多数设计机构来说,寻找业务是一条谋求生存的必由之路。作为一个服装设计机构,在寻找客户之际,应该遵守以下几条原则:

1. 积极心态

设计团队必须保持良好的工作心态,迎接寻找业务过程中可能出现的种种情况。寻找业务的过程是一个极易受到挫折的过程,在业务开拓之初,由于缺少业务经验和知名度,往往会遭遇对方的冷遇,此时,设计团队应该懂得角色的转换,即换位思考,不要一味地坚持一种姿态或一种观点和对方交往,而是应该站在对方的立场上思考自己为什么遭此尴尬,在交流的态度或时机等方面要有一定的弹性和变通,寻找适当的方式来展开和传播自己的信息,以真诚、自信、负责的态度打动对方,也许事态就会在不经意间出现转机。只要能在维护自身尊严的基础上,争取到双方对等面谈的机会,即已预示着业务进入了"眉目阶段",为后面的正式谈判留下了契机。

2. 主动出击

通过多种方法,从多个方位开通寻找新客户的渠道。对于一个新开业的设计机构来说,当务之急是手中握有足以运行一阵的业务,用来解决自己的生存问题,所谓"手中有粮,心中不慌"。但是,由于缺少从业经验的积累,它们的业务关系非常稀少,业务来源十分有限。为了解决这一难题,它们必须动用各种力量,广开渠道,依靠社会关系,抓住任何出现业务的苗头,积极跟进并极力促成业务。即使是成熟的设计机构,也不能放松这一工作,因为业务市场变化很快,既有不断涌现的新对手争抢业务,也有就算是不断升级的老客户改换门庭,始终注意编织自己的业务渠道,是为了防止出现业务的断档。

3. 探明虚实

通过各种手段,探明某项业务的真实底细。在初次接触时,委托方往往会表现出超乎寻常的实力,哪怕是本公司在下达内部任务时,公司高层也会出于某种目的而夸大任务的性质、规模或目标,主要表现为夸大投资计划、叫喊响亮口号。设计团队不要被表面现象蒙蔽,否则非常容易出现自己对业务全貌或真实情况的错误判断。比如,对一项全盘投入 500 万元货品的策划和对一项全盘投入 3 000 万元货品的策划,无论是货品结构、投放批次,还是形象宣传、渠道公关,都有很大的出入,轻则引起资金短缺,严重时导致资金链断裂。不符合实际情况的策划都有可能以现实运作的失败而告终,不但易于造成合作双方陷入责任之争,而且将严重挫伤设计团队的信心。

(二) 寻找业务的条件

寻找业务的过程也是一个向外界展示自己的过程。它需要承揽方有一个能与委托方对接的基础平台,也就是自身的专业条件,才能顺利地保证承接到应有的业务。

1. 自我包装

自我包装是指利用以诚信为原则的自我形象塑造,为寻找业务创造有利条件。权威部门颁发的一些相关资质可以成为很好的自我包装素材,比如,各类高级证书、注册资本和营业执照等等,如果没有这些让委托方满意的资质,承揽方的专业形象将可能被大打折扣,尤其是一些比较重大的设计业务,更不可能落到名不见经传的设计团队身上,所以,设计团队平时必须注意积累一切可以证明自己的材料,在不失真实性的基础上,经过适当的包装,作为寻找业务的敲门砖,因为"机会总是青睐那些有准备的人"。必须注意的是,由于行业圈子往往是十分有限的,因此,不真实的浮夸包装很容易被人识破,效果极有可能适得其反。

2. 业内声誉

良好的业内声誉是一把穿透对方防御心理的无形利器,可以帮助设计机构证明自己的专业实力。在寻找业务时,委托方经常会要求承揽方展示曾经做过的业务,以初步考察和衡量对方的实力。除此以外,业内声誉还包括合作的诚信度、友善度、认真度等等,这些也是非常重要的合作基础。为了保证业务的安全和高效,委托方还可能会通过多种渠道,打听承揽方在业内的名声。因此,"做事先做人"这一浅显的道理,在任何时候都是基本的准则。任何一支设计团队都必须在平时的工作中注意自己的一言一行,这种戒骄戒躁的做法也非常有利于业务水平的提高,在业内博得好名声。在某些关键时刻,这些好名声可以在一定程度上缓解业务上的摩擦,即使承揽方出现了失误,也比较容易获得对方的谅解。

3. 量力而行

量力而行是要求设计团队根据自己的实际业务执行能力,寻找合适的设计业务,既不要好大喜功,也不要委曲求全。"合适"的含义很广,主要包括三个方面,一是业务量合适。这里的业务量是指在一定时间段内完成业务所需要的工作量,不管是单项业务还是多项业务,它们的实际工作量之和就是最终业务量。二是业务难度合适。业务可以从单一业务开始,从简单型业务开始,逐渐深入到高难度业务。三是业务期限合适。业务期限是指完成一定的业务量所需要的工作时间。由于服装产品的季节性很强,不管是零售服装,还是定制服装,其设计业务往往十分紧迫,没有太多的推敲时间。通常来说,业务量、业务难度和业务期限是客户决定的,设计机构并没有改变的权力,因此,在承揽业务之前,所有业务都要经过仔细评估以后才能接手。如果可以挑选的话,应该寻找一些对提高业务水平有利的业务,在执行业务的同时,用业务来培养设计团队自身的能力。

(三)寻找业务的程序

1. 收集资讯

通过关注专业活动中的行业动态或查阅社会事件的新闻报道等方式,收集相关信息。在业内人士传播的专业信息或新闻媒体报道的社会活动中,可能存在着大量业务线索。寻找业务是一项十分艰苦的工作,需要坚韧不拔的毅力,时时刻刻做一个有心人,将平时在生活和工作中有关业务的信息点点滴滴地积累起来。这也是承揽方的一种敬业态度的表现。

2. 分析资讯

对收集到的资讯进行认真的梳理、归类,以灵敏的专业嗅觉,及时发现一些业务苗头。分析这些资讯时,可以采用排除法、图表法或增效法等,将主要的有价值的信息从海量备选信息中凸现出来。当上述资讯不足以发现业务苗头时,可再次进行资讯收集工作,直至满意为止。事实上,收集资讯工作是寻找业务过程中的一项长期不断的基础工作。

3. 发出试探

根据资讯分析中发现的业务苗头,以恰当的方式,向对方发出含有本方合作诚意的信息。发出试探信息的方式有两种,一种是撒网式发送,这是一种广种薄收的发送信息方式,此类信息的回复率一般不高,需要承揽方有足够的耐心;一种是定点式发送,这是一种效率较高的发送信息方式,此类信息的发出需要为了提高准确率而做较多的基础工作。

4. 及时跟进

对发出的信息,承揽方应该采取对方不会反感的方式,进行必要的跟踪或回访,特别是对定点式发送的信息,更需要及时跟进。如果仅仅是"只播种,不耕耘",将会收效甚微。这一过程也是促进双方了解的过程。合作必须建立在合作双方充分了解的基础之上,因此,根据情况发展的需要,承揽方应该适时补充能够证明自身实力的新材料。

5. 锁定对象

对跟进中表现出委托业务意愿的单位,应该作为重点发展的对象,采取进一步行动锁定目标,确保将对方纳入到谈判程序。在国内普遍重视"人缘经济"的情况下,锁定对象的主要手段一般以感情联络比较有效。如果是遇到喜欢遵守现代商业规则的对象,则承揽方应该以充分展示专业技能和操作水平为主,必须表现出高素质的职业行为。

只要对方愿意进行正式的业务谈判,前面所做的寻找业务即可告一段落,至于业务谈判是否会获得成功,那将是业务谈判阶段的工作结果。当然,寻找业务可以是循环式的多头并进,不必也不该将整个设计团队的全部精力集中于一条单线上进行,做到"东方不亮西方亮"。

二、业务谈判

谈判是指人们为了协调彼此之间的关系和满足各自的需要,通过相互协商和交换观点而争取达到意见一致的行为和过程。虽然谈判的定义非常简单,但它涉及的范围却十分广泛,每一个要求满足的愿望和每一项寻求满足的条件,都是诱发人们展开个人或团体谈判行为的潜在原因。人们为了改变相互关系或取得一致意见,首先采取的行为是谈判。业务谈判是指以正式会谈的方式,经过十分周密的陈述和质疑,就业务合作的方方面面进行一系列商业性磋商。其中包括目的、任务、要求、义务、权利、工作步骤、完成时间、违约条款、报酬及付款方式等内容。在签订业务合同之前，设计机构与服装企业之间需要有一个谈判过程。这种谈判一般比较仔细周密，双方确认的内容都应当写到合同里，作为具有法律效应的凭证。

（一）业务谈判的原则

业务谈判一般发生在两个或两个以上法人或利益各方之间，它是一种为了谋求各自利益而进行的商业活动，在企业运作中，业务谈判也是一个无可避免的必须认真对待的环节。从法律意义上来说，法人的法律地位是相等的，因此，它是一项非常具有原则性的工作。在具体的业务谈判中，应该注意以下几条原则：

1. 平等交易原则

平等交易是指发生业务关系的双方都能够采取公平、对等的态度，处理业务过程中的利益问题。业务谈判的基本思想是实现双赢，如果交易是不平等的，那么，这种交易是不会长久的。因此，平等交易是业务谈判最重要的原则。正如美国著名体育经纪人雷·斯坦伯格（Leigh Steinberg）曾说过，谈判是日常生活的一部分，需要带着明确目标和原则哲学来处理。他说："目标不是毁掉对方，而是寻找最有利可图的方法来完成对双方皆可行的协议。"

平等交易还表现为公开交易细节，不能在合作条件和利益分配等方面暗藏玄机。有些所谓的谈判高手在谈判过程中喜欢自作聪明地埋伏玄机，设置圈套让对方钻，这种缺乏诚意的表现迟早会被对方发现，即使谈判的结果朝向有利于前者一方，但是，无形中也为自己设置了业务顺利完成的障碍，这是因为，当对方发现自己被套之后，必将以各种方式打破圈套或降低成本，一洗被对方愚弄的耻辱。

2. 信息对称原则

信息对称是指在业务谈判之前以及进行之中，双方应该掌握等量信息。信息对称是保证平等交易的必要基础，信息的缺失将使一方在谈判中处于十分不利和被动的地位。谈判是一种信息交流的形式，信息作为一种谈判的工具，成功的基础是充分了解对方，必须提前做好对方信息的收集工作。谈判过程中也会发生信息的变化，特别是一些比较漫长的谈判，更有可能发生新信息覆盖旧信息的变化。因此，充分掌握对方信息是掌握谈判主动权的基本条件。

关乎服装设计业务谈判的信息是了解委托方的真实经营情况和业务的真正意图。经营情况是对方的市场销售、消费者、资金量、员工素质、企业文化等现状的反映，其长处或弱项都可以成为谈判考虑的内容。业务意图是对方通过合作究竟要得到什么，有些业务的目的看似为了得到新款式设计，其背后用意可能是学习承揽方的设计流程管理。如果全部掌握了这些最新信息，就能比较方便地做出全面而准确的利益主张。

3. 程度渐进原则

程度渐进是指采取平心静气的方式，将谈判进程逐渐深入，直至实现最初的愿望。事物往往拥有自己的客观规律，业务谈判经常耗时漫长，有时甚至形成拉锯战，双方比拼的是耐心和耐力，不能急于求成。这种做法并不能说明对方缺乏诚意，而是在谋求某项业务的最佳性价比，尤其是一些业务中的重大指标，更是耗时费力。只要双方都不乏诚意，那么，在谈判过程中积极寻求新的想法或解决方案的拉锯战照样允许存在。

有些业务谈判的渐进过程是谈判程序本身的需要。为了寻找客户而进行的初步接洽一般是礼节性的相互刺探虚实，随之而来的才是真刀实枪的谈判。某些重大业务需要一些由低向高的铺垫性商谈，最初的谈判在基层业务人员之间展开，遇到一些重要问题，则由中层人士参与，在这些基础工作完成以后，由高层人士最后拍板决定。这不仅是正式而重大的谈判的基本路数，也是为了节省高层人士的时间不得已而为之。

4. 时间进度原则

时间进度原则是指掌握业务谈判的时间进度。业务的时间进度分为两种，一是谈判时间进度。一般来说，一项业务总是要经过前后多次协商才会有进展，所以要能把握时间抓住机遇。在业务承接下来前，通常都要承揽方主动去联系业务。在这个比较费时的过程当中应该把握好一个尺度，无论业务是不是真实存在，都要同时开展起来，可以同时与几家客户开始谈判，因为通常客户也会同时向几家承揽方询价。二是修正计划进度。在一个需要多次拉锯的谈判过程中，经常会出现根据对方要求而修正原计划的情况，在调整业务内容的同时，很有可能还要对原来的时间计划进行重新安排。另外，遇到某些可预计情况，比如国庆节、春节等节假日因素，对谈判的时间进度本身也要适当地留有调整时间，否则万一遇到突发情况就会应对不及，所以通常时间上要有一定的宽裕度。

5. 不卑不亢原则

不卑不亢是指以谋求平等交易为根本，在人格上采用张弛有度的态度，在尊重对方的基础上，保持自己的气节，做到进退有理、攻守有节。事实上，在谈判之初，双方的力量往往并不均等，这是由于双方的企业规模、行业地位等原因造成的。委托方或承揽方均有可能成为优势或劣势的一方，处于优势的一方总是借助在多种场合以多种方式流露出自己的优势，作为打压对方的筹码。但是，在对手没有真正了解自己之前，这种优越感是试探性的，如果表现得过于激烈，则很可能导致谈判尚未正式开始即面临着破裂的可能。

在服装设计业务谈判中，承揽方处于劣势的情况比较多见。这是因为设计机构的企业规模要小于服装企业，处于接受业务的承揽方的位置，服装设计业务一般总是掌握在委托方手中，承揽方往往处于总是希望从对方手中接过业务的被动地位。此时，如果为了急于成交而附和委托方的颐指气使，做出一味的违反行业规矩的让步，反而容易被对方看轻。因此，设计团队应该采取不卑不亢的态度，表现出争取平等交易的态度。例外的情况是，如果承揽方是成绩斐然的业内龙头企业且业务非常繁忙，则会表现出对委托方挑挑拣拣的牛气十足的架势。这也是市场经济的运行特点之一，即市场需求决定一切。

（二）业务谈判的条件

为了确保谈判成功，谈判者必须配备一定的物质条件，做好充分的心理准备和材料准备，掌握谈判的主动权，争取实现谈判之初的愿望。一般来说，促成业务谈判的基本条件主要有以下几个方面（图3-2）：

1. 人员条件

人员条件是指担当谈判的全部人选。谈判者是利益各方的代表，其精神状态、业务能力、工作经验和人格魅力，都是保证谈判顺利进行的主要保证。

2. 场地条件

场地条件是指适宜谈判的地点和环境。谈判场地是发生谈判活动的空间，无论主场或客场，还是中间场地，其环境气氛都会微妙地影响谈判的结果。

3. 时间条件

时间条件是指有利于谈判的时间和机遇。谈判时间的长短预示着信息量交换的多少，谈判时间的先后则包含着发生业务或业务成本的机遇成分。

4. 业务条件

业务条件是指合适谈判的具体工作内容。谈判的核心是业务条件,包括了业务量、递交方式、质量标准、完成时间、配备条件、知识产权、结算方式等。

5. 设备条件

设备条件是指辅助业务谈判顺利进行的工具。业务谈判需要进行大量的陈述,或必要的记录,电脑、投影仪、录音笔等仪器设备是当前谈判的基本工具(图3-1)。

图3-1　各种高科技设备成为现代商业谈判的基本工具

(三)业务谈判的技巧

业务谈判技巧是处理业务关系的必要手段。掌握一定的业务谈判技巧,可以解决业务中可能出现的矛盾,减少与合作方的摩擦,降低业务成本,保证承接业务和完成业务的成功率,一般来说,业务谈判技巧主要有以下几个方面(图3-2):

1. 耐心倾听对方意见

在整个谈判过程中,无论是前期的准备工作还是在谈判进行期间,都必须具有一定的耐心,通过认真倾听对方意见,捕获对方最多最全面的诉求信息。实践经验告诉人们,一个谈判高手通常提出很尖锐的问题,然后耐心地倾听对方的意见。此时,如果我们学会如何倾听,就很容易解决一些非原则性冲突。问题的关键是倾听已经成为被遗忘的艺术,而很多人都忙于确定别人是否听见自己说的话,而不去倾听别人对他们说的话。要取得业务谈判的成功,必须在事前尽可能多地搜集相关信息。例如,客户的需要是什么?他们有什么选择?事先做好功课是必不可少的。随后要制定一个比较高的预期目标,因为高预期目标是讨价还价的基准,也是向对方表示自信心。承揽方的开价应该比他们期望得到的要高,委托方则应该还一个比他们准备付的要低的价格。

2. 灵活安排会谈时间

在不违背公平合理的原则下,灵活地安排满足对方要求的会谈时间,不仅可以表示出你的诚意,而且可以让对方心存小小的愧疚。首先,谁能灵活安排时间谁就有心理上的优势。如果谈判时对方赶时间,你的耐心能对他们造成巨大的影响。其次,如果对方在谈判中感到很满意,意味着对方的基本要求已经达到了,说明你已经成功了一半。再次,找出对方渴望达到的目的,最好的方法就是劝诱他们先开口。他们希望的可能比你想要给的要低,如果你先开口,有可能付出的代价比实际需要的要多。另外,在谈判的时候不要接受第一次出价。如果你接受了,对方会想他们其实能再压一下价,先还价再作决定。

3. 及时离开劣势会晤

谈判双方的目标与基础最好是平等的,但是往往事与愿违,其中一方会因为企业实力或者合作事由等因素而处于这样那样的劣势。比如一个因为本方的原因而造成对方损失的索赔谈判,本方可能会处于非常不利的劣势之中。即便如此,也应该采取各种有效手段,促使对方以平和心态进入有利于本方化险为夷的谈判状态。如果一个交易不是按照计划中的方向进行,或者如果对方的要求和条件是完全不合理或不等价的,就没有必要在谈判桌上再作逗留,你可以采取金蝉脱壳之计,准备离开谈判现场。这是因为,在没有选择余地的情况下进行谈判,将会使你处在下风。当然,在这个过程中,处于理亏的一方抱以诚恳的态度显得十分重要,不要因为对方察觉到你的态度不诚恳而激化分歧。

4. 语气保持和颜悦色

和颜悦色的语气是以柔克刚之道,没有人愿意对谦谦君子报以重拳。在谈判的过程中,如果以不悦而且对立的语气说话,会容易出现明显的冲突场面,所以情绪的变化在所难免地会引发纷争。人的行为由内心的情绪所左右,从一开始,就应该对面临的谈判有一个清楚的认识,成功和失败的结果会是什么,这场谈判是不是对你的企业非常重要,如果志在必得,那更应该从头到尾都保持冷静。如果说话的语气本来就是你的一个习惯,那么,作为一个职业人士,这种习惯更应该改掉,因为你的不良习惯对于你的事业有害而无利,无论对生意还是社交生活或者日常的作息,人都应该保持一个相对热情向上和友善的态度来说话。

5. 学会适时保持沉默

沉默是职业谈判者最厉害的武器之一,谈判的大忌之一是在需要保持沉默的时候偏偏爱说话。很多时候,谈判会出现沉默的场面,打破沉默可能意味着陷入被动的情况。大多数人总是讨厌沉默,而试图以谈话来填补它——这正是你所希望的情形。当然,高明的谈判者了解沉默的价值,也知道高明的对手同样了解沉默的价值,若双方只是保持沉默,势必无法从对方那里引出大量的信息。相对地,谈判劣手往往会泄漏出他们应该保密的资料,只因为对方故意制造沉默,使其忍不住以额外的细节、争辩或游说来填补这难堪的沉寂。

6. 不要随意打断对方

对方的谈话直接包含了对方的思路,必须彻底了解对方的思路,才能提出相应的对策。如果随意打断别人的谈话,迫使对方中断思维的延续性,会影响整个局面和对方谈判的情绪,这是非常不礼貌和不职业的做法,因为很多时候,通过谈话可以透露对手很多相关的信息,对手谈话的过程其实也是你思考的绝好机会,通过倾听来发现问题和机会,而打断谈话很可能丧失这些机会,同时会让对手觉得你不懂基本礼貌,缺乏职业规矩。这样会得不到对方的尊重,极易导致一次谈判变成一场言辞逐渐紧张的争执。

7. 正确使用人称代词

在谈判中,任何事情或者任何观点都牵涉到谈判的双方利益,第一人称代词的反复使用会让人觉得说话者在不断地强调自己,因此,应该把第一人称感觉变得更为含糊,甚至尽可能不要使用人称代词,反而有利于融洽彼此间的关系,把整个谈判时间中所牵扯到的利益和事情变成大家的。通常来说,在每个句子中都有"我"这个字,或提到"我"会显得自大和主观,因为谈判本来就是一场危机四伏的博弈,在一些重要的条件和利益受到威胁的情况下,乱用人称很容易导致谈判破裂的情况发生。适当地使用模糊的人称,在有利于化解对峙情绪的同时,产生一种希望大家一起把事情做好的心态。这样一来,本来存在的分明界限会相对地模糊,会让谈判变得更为缓和。

8. 克服傲慢偏执态度

在谈判中提出问题和表明态度是必须的,在对手陈述或者谈话结束以后,有必要找出对方的漏洞或者存在的问题,但是不能以"得理不饶人"的架势,用逼迫式的、甚至是傲慢的态度,让人觉得缺乏诚意和过分自大。以傲慢或偏执的态度提出问题,会给人一种只有你自己最重要的印象,会使对方感到难以接受。谈判的本意是发现和解决合作中存在的种种问题,寻找兑换条件和避免争端,傲慢的态度本身就不符合谈判所需要的环境和气氛。即使对手的条件不够优越或者发现对方的问题很严重甚至荒谬,都不应该用傲慢的态度揭示。在商业谈判中没有不可以沟通的话题,即使牵涉到彼此的利益,也都应该用谦和的态度来对待,常言道:和气生财。

9. 避免亲密暧昧话题

很多人在谈判时会故意说到对方熟悉的人或事,是为了活跃气氛套近乎,虽然这个做法在一定程度上有点作用,但是也要注意不能过分地热衷于此。比如,你认识的那个对方也熟悉的朋友也许是对方暗中痛恨的人呢?此时你表现出与那人的亲密关系岂不等于引火烧身?另外,在谈判中应该尽量少牵涉到不相关的人或者事情,更不应该拿一些传闻或者花边消息作为轻松气氛的笑料,因为很有可能牵扯到一些别人觉得不愉快、不好意思或者不愿意听的内容。谈论到与有关的人的一些过往细节会让听者产生一些不必要的想法,别人可能会觉得你以势压人或者不懂得商业规范,从而对谈判造成不好的影响。

10. 事先联系,准时赴约

通常来说,商业沟通见面都应该是有预约的,擅自闯见会被人认为不礼貌,甚至被认为是有意打探对方虚实,所以必须避免此类情况的发生。如果对方是很难约见的客户,可以多约几次,表现出你的诚意,相信"锲而不舍,金石可镂",这对赢得谈判的机会和加深客户的沟通也是很重要的。在约定好了时间以后,不能以任何借口爽约。特别对于初次见面的客户来说,随随便便的爽约等于自毁信誉,尽管对方可能会以比较礼貌的方式表示谅解,但是会对以后的续约埋下极其不利的隐患。另外,必须按时赴约,过分地提前到达或延时到达都将给对方带来不便。

11. 宣传推销应该得当

在与对手谈判时,应该宣传推销自己的业绩、产品、观点或者计划等等,让对方了解自己的优势在哪里,但是,这种宣传和推销必须适度,不可王婆卖瓜式地夸夸其谈,自吹自擂。在谈判之前一般都要预先做一点了解对方的调查工作,做到心中有数。在你调查对方的时候,对方也会对你有所调查,所以,适当地谈论一些业绩和能力是完全允许的,可以更加直接地让对方认识你,知道你的优势,如果你所说的和他们所了解的没有太大的出入,情况基本吻合的话,可以给对方一个非常好的印象,至少是一个诚实可信、实事求是的印象。然而,过分夸大的自吹自擂是不可以的,在你自以为是地胡吹乱侃之际,对方也许正在暗自窃笑。

12. 尊重对方穿着规范

很多穿着上的规范是行业决定的,比如医生护士的工作服是白色的,公共事业人员会在作业的时候穿着颜色鲜艳的工作服装,又比如保险业推销员一般都要求穿西装来开展业务,一些商业人士可能穿着颜色或者图案比较花哨的服装或者使用一些显眼甚至并不十分美观的配饰。

这些都是应该得到尊重的、由客观因素决定的穿着规范,不是从业者主观可以控制的。如果你嘲笑对方的穿着规范,其实就是在嘲笑一些社会上的潜规则,会让你暴露出缺乏社会认知的浅薄。谈判的过程同时也是一个让对方认识你的过程,做业务也是做人,对有些人来说,与什么样的伙伴合作要比签署了什么样的协议更为重要,价格或者谈判条件则可以退让。所以,建立一个稳重的、对事情和规范有一定认知和理解的印象非常重要。

13. 要礼貌地接打电话

在正式谈判时,由于业务比较繁忙,难免在长时间的谈判中会接到一些电话。除非是十分紧急的情况,谈判者一般均不应该接打电话。如果遇到非常重要的谈判,应该将手机调至静音或关闭手机。如果来电被你挂断,对方也能理解你可能在处理一些比较重要的事务而不方便接电话,如果有需求会发送文字信息给你。在谈判中接打电话都必须看时机,真的有重要的商业电话的时候,可以在谈判一开始就和对手说好,在某某时刻需要和他人通一个电话,这样才比较礼貌周到,也让人感觉你做事情有条理讲礼数。另外,在平时的商务电话中,要正确判断对方对你所说话题的兴趣度,把重点应该集中在相关事宜上,适当地控制谈话的内容和时间,尽量在最短的时间内以最简练的语言表达完善自己的意图,不应该谈一些别人不想听的无聊话题。

14. 礼貌使用信函语言

在谈判前或者谈判中的书信及邮件往来是很有必要的,应该使用比较规范的礼貌用语书写或回复这些信函,问候性的寒暄词语可以按照常规性文书一笔带过,没有必要过分地故作亲密的姿态,这样容易给自己建立起一种不卑不亢的立场,让对方觉得你有教养重礼仪,过分的寒暄甚至肉麻的用语很可能让人产生戒备心理,会让对方感觉过于阿谀奉承,导致厌烦感觉的产生,这是完全不必要的做法。即使对方是大客户或重要的客户,书信或邮件的往来还是按照以沟通和传递信息为目的的商业常规做法,同时要注意不能留下法律上的漏洞,否则,一旦出现矛盾,这些信件将可能成为对自己不利的佐证材料。

业务谈判的技巧

1. 耐心倾听对方意见
2. 灵活安排会谈时间
3. 及时离开劣势会晤
4. 保持和颜悦色语气
5. 学会适时保持沉默
6. 耐心听完对方谈话
7. 正确使用人称代词
8. 克服傲慢偏执态度
9. 避免亲密暧昧话题
10. 事先联系按时赴约
11. 宣传推销应该得当
12. 尊重对方穿着规范
13. 要礼貌地接听电话
14. 礼貌使用信函语言
15. 避免任意发表意见
16. 不要遗忘携带名片

图3-2 好的业务谈判技巧是处理业务关系的必要手段

15. 避免任意发表意见

通常来说,在对事情彻底了解之前任意地发表意见,容易暴露个人的缺陷和不足。对手会通过谈论一些话题来试探你在专业上或者对事物认识上的态度,来判定你的个性和专业能力。有些客户会非常重视这些因素,据此判断协议达成以后可能出现的合作情况,所以一般不要在时机不成熟之际谈论过多。面对你所不十分了解的情况,可以主动请教对方的看法,当然也可以选择保持沉默,或者直接说,"对不起,我真的对 XXX 不是很了解"。如果是你从来没有听说过的,就直接说真的没有见闻过,请对方可否告知一些相关的情况。不懂装懂容易引起口舌之争,甚至失去宝贵的商业机会。

16. 不要遗忘携带名片

交换名片是正式商务场合的国际化通用礼节,可以就名片上的信息,找到某个寒暄话题,减少双方初次见面时的生疏感。有人素以不拘小节为荣,常常忘记在商务场合携带名片,在接过对方名片时,不回敬自己的名片,甚至寻找种种未带名片的理由。此时,对方虽然嘴上说"没关系",往往内心已经看轻本方,认为遇到了自傲自大、粗俗无礼、不够尽职、缺少素养的对手。因此,第一次与对方见面时,务必随身带好自己的名片,放置在固定的外套内袋或公文包的某处等方便取用之处。如果在交换名片时到处胡乱翻找名片,同样会给对方留下"杂乱无序"的不良印象。

三、签订合同

签订合同是指以文件的形式,确认业务谈判的合作约定。合同书是一种具有法律意义的文书,在当事人发生合同纠纷时,合同书就是解决纠纷的根据。因此,签订合同是一项十分慎重的工作,也是业务真正开始的第一步。合同一经签订,便具有了法律效应,即使事后发现其中隐藏着不公平条款,也必须忍气吞声地参照执行——除非经过合法的解除合同程序。

企业内部的设计业务是以任务书或会议记录等内部文件的形式下达给设计部门的,一般不需要签订合同。因此,签订合同的环节主要是针对不同企业或机构之间的合作而言的。

(一) 合同的基础

尽管一些有悖现行法律或社会公理的不平等合同可以在有关部门的干预下被废除或修改,但是,这一行为会耗费各方不少精力,而且势必导致经营成本提高、业务机会丧失或打击业务信心等弊端,因此,签订合同必须是有一定基础的。

1. 权利与义务的平等

业务合同上规定的各方权利与义务必须是建立在平等基础上的,否则,履行合同过程中遭遇磕磕碰碰的情况将在所难免。由于合同中的内容直接关系到合同相关各方的利益,为了避免今后可能发生的利益之争,应该在签订合同之前,反复检查和审核合同的内容是否平等,避免赌气履行合同。

2. 期限与条件的可行

合同中一般都有明确的履行时间期限,一些突发因素的出现可能会延缓合同规定的完成时限。此外,合同中也会规定承揽方必须为了完成合同内容而配备一些硬件和软件等条件,这就需要承揽方充分估计自己是否具备这些条件。合同期限和合同条件是在签订合同之前必须认真考虑的基本内容。

3. 难度与能力的平衡

合同的难度主要是指合同中约定的目标任务可能是承揽方的现有能力无法企及的,或在技术上必须达到前所未有的高度。这种情况往往发生在好高骛远的承揽方身上,使其因为一时的求胜心切而变得骑虎难下。如果这里所指的难度和能力不能达到某种平衡,将为合同的履行留下隐患。

(二) 合同的类型

合同的类型因业务的性质和范围极其广泛而复杂多样,比如,劳务聘用合同、银行贷款合

45

同、法律咨询合同、家庭装修合同、房屋租赁合同、委托买卖合同、技术服务合同等等,不一而足。

服装设计业务属于技术服务合同,有着相对规范的格式。合同的类型与合作的内容有关,细分起来,服装设计业务合同也有不少分类,这里列举几种主要的类型。

1. 业务合作型

业务合作型是指双方共同分担一项完整的服装设计业务,即以相对完整的某个设计项目为目标进行合作,共同参与,各司其职,合作完成,能够起到技术资源互补作用。

2. 技术合作型

技术合作型是指承揽方以自己的技术为委托方提供单项技术服务,如样板指导、生产指导、设计培训等。承揽方仅为这些单项服务内容负责,一般不参与整个设计业务。

3. 业务外包型

业务外包型是指委托方将整个相对完整的项目全部外包给承揽方,前者仅提供有限的配合,如提供基础数据、客户名单等。此类业务一般建立在双方非常了解的基础上。

(三) 合同的内容

由于行业特点大相庭径,各行各业往往都有符合自己行业特点的合同范本,每个企业也可能有自己的格式合同。一般来说,这些合同的格式比较固定,能够比较方便而快速地完成合同的草拟或签订。服装设计业务合同的内容也大同小异,呈格式化,主要包括如下几个板块:

1. 合作内容、方式和要求

内容,如××品牌××××年春夏服装产品开发、××银行职业装设计方案等。

方式,如派驻人员、沟通时间与方式、对方的配合程度等。

要求,如具体的设计数量、达到某种水平、是否要配件设计等。

2. 工作条件和协作事项

工作条件,如配备何种设备、需要什么人员、要求何种信息等。

协作事项,如当事人之间的工作关系、权限、共同遵守的条例等。

3. 履行期限、地点和方式

履行期限,如合同于何年何月何日生效或截止,以及其他时间节点。

履行地点,如在哪里完成项目。

履行方式,如单独完成、合作完成、是否需要审核等。

4. 递交方式和验收标准

递交方式,如报告书、设计稿、样板、样衣、PPT 等。

验收标准,如行业通行标准、国家标准等。

5. 报酬及其支付方式

报酬,如项目总价多少元、单价多少元以及币种等。

支付方式,如一次性支付、分期支付以及支付数额等。

6. 违约金或者损失赔偿额的计算方法

违约金计算方法,如按照合同总价的百分比计算法等。

赔偿金计算方法,如按照实际损失的全额或折扣率计算等。

7. 合同争议的解决方式

争议解决方法,如当地法院、仲裁委员会等。

8. 其他（上述条款未尽事宜）

其他，如保密条款、知识产权条款等。

9. 责任人信息

责任人信息，如法定代表人、委托代理人、联系经办人、住所、通讯地址、电话等。

10. 银行信息

银行信息，如开户银行、账号等。

11. 签章

签章，如当事人签名、技术合同专用章或单位公章等。

（四）合同的执行

合同的执行是指按照合同中规定的所有细则，正式开始履行其中的一切内容。为了保证合同的执行结果，合同的执行可以分为三个主要环节。

1. 起始执行

起始执行的工作目标是把整个设计业务合理地分解为多个子业务，落实给相关的业务担当人员，使这些子业务有条不紊地正常开展起来。执行合同的起始日一般是从合同正式生效之日起算。合同签署完毕，不一定代表合同已经正式生效，为了防止承揽方的不必要损失，当事人可以在合同中附加确定合同正式生效的定义条款，比如，委托方首付款到达承揽方指定账户之日，合同正式生效，合同截止期限顺延等。这样就可以保证承揽方有足够的时间完成设计业务。

2. 中间执行

一旦合同正式生效，承揽方必须尽一切可能组织和调配专业技术力量，严格按照事先商定的时间节点做好自己的份内工作，并按时完成与对方的业务沟通、阶段汇报、资源调用等多项工作，在规定的时间内完成规定数量和质量的全部业务内容。否则，延期完成或劣质完成的项目结果不仅会影响委托方其他工作的顺利进行，也会给对方克扣项目款等留下把柄，为日后的争执埋下隐患。

3. 检查执行

检查执行是对己对人都非常重要的设计管理环节，可以及早发现问题和解决问题。一个设计团队可能会同时承担来自不同渠道的多项设计业务，这些设计业务的性质、内容、期限、方式和要求等各不相同，如果不进行及时检查，非常容易造成张冠李戴的混乱结果。如果设计团队的成员足够多，则可以分成独立的项目小组，反之，则有可能将几个项目中的相似内容合并给某团队个成员，此时，极易发生混淆、短缺、遗忘、草率等弊端。只有经常性地进行内部检查、听取每个子业务的阶段性汇报，才能及时发现问题。

四、分配任务

合同签订下来之后，必须尽快落实其中包含的内容。就目前服装行业的运作特征来看，一项完整的设计业务往往需要一个设计团队的通力合作，才能如愿完成。为此，在一项设计业务下达之后，必须从现有设计团队的实际情况出发，将工作任务科学地分解开来，合理地分配给设计团队成员。

（一）分配的原则

分配设计任务应该有序进行，将来之不易的设计业务落实到位。一般来说，分配设计任务要掌握以下几条原则：

1. 时间原则

时间原则是指从时间角度进行设计业务的分解。具体来说，就是将整个业务划分为几个时间段，每个时间段里面包括几项被细分的工作内容。在对业务进行时间分配时，必须带有一定的提前量，也就是留有所谓的机动时间，以备因为突发因素的干扰或反复修改要求而对业务进度可能造成的拖延。

2. 能力原则

能力原则是指根据每位参与业务工作的团队成员在以往工作中表现出来的实际工作能力的强弱，将恰当的部分工作交由其完成。由于团队中每个成员的专业背景和工作经验不同，其工作专长和工作能力也有所不同，如果不加思索地随意分配任务，将是客观上造成其业务完成质量不高的主要因素。

3. 难度原则

难度原则是指根据业务本身包含的难度进行必要的分解。业务的难度主要是指对业务担当者来说从未达到过的技术高度，也可以包括短时间内的超量任务。对于高难度设计业务，首先要在承接业务阶段就有一个充分的估计，不能过于逞强好胜地承揽下来。其次，对于已经承接下来的高难度业务，应该调用设计团队内外资源，逐步地耐心解决。

（二）分配的方法

设计任务的分配方法因设计团队的实际情况而异。分配方法是否恰当，与设计任务的最终完成结果有一定的联系。在工作实践中，通常采用以下几种方法进行设计任务的分配：

1. 图表法

图表法是指以图表的形式将设计任务分配给团队成员。这种方法的特点是简明扼要，能够以比较清晰的栏目，将任务中的时间、目标、要求、形式等主要内容，传达至业务担当者的手中。

2. 任务书法

任务书法是指以任务书的形式将设计任务分配给团队成员。这种方法的特点是全面周到，为了增强责任意识，可以要求业务担当者以签名的方式接受任务。

3. 口授法

口授法是指以当面口授的形式将设计任务分配给团队成员。这种方法的特点是迅速及时，省略了编制图表或编写任务书的过程。不过，这种方法容易造成日后"口说无凭"的弊端，适合频繁变化而又简短少量的琐碎任务。

4. 协商法

协商法是指与团队成员协商的形式，确定任务的担当者或担当量。这种方法的特点是以人为本，可以充分尊重对方的技术特长，调动其工作积极性，为以后对工作的检查打好基础，克服相互推诿的弊病。

5. 指定法

指定法是指根据工作的需要而指定合适的业务担当者。这种方法的特点是统筹性强，指定的内容完全按照业务分解的要求而为，带有一定的强制性，比较适合时间短、任务重的突击式设计任务。

6. 征集法

征集法是指将工作任务进行适当分解后,在团队内部张榜公布,由团队成员根据自己的特长、忙闲等情况,自由报名。这种方法比较民主化,有利于发挥团队成员的业务特长,调动他们的工作积极性。

（三）分配的要点

事实上,设计任务的分配也是一种艺术,如果分配方法恰当,则容易出现令人满意的工作结果,反之,则会事倍功半,因此,在实际的任务分配工作中,应该注意以下几个要点:

1. 尊重人格

尊重人格是指任务的分配过程必须尊重业务担当者的人格。业务是由具体的人来完成的,每个人都有自己的独特人格,只有其人格得到尊重的前提下,其工作能量才能充分发挥出来,设计任务才能被出色完成。过于强制性地分配工作任务,将会损伤团队成员的工作积极性,造成工作上的抵触情绪。

2. 兼顾能力

兼顾能力是指分配下去的设计任务必须考虑和评估业务担当者的实际工作能力。尽管团队成员可能有高昂的工作积极性,但是,如果对他们的工作能力期望过高则是欲速不达,期望过低则是资源浪费,这两种情况都会影响到设计资源的有效利用和最后结果的正常表现,而且也会关系到工作成本的是否合理。

3. 创造条件

创造条件是指在为了顺利完成任务而在任务分配时必须提供给业务担当者必要的工作条件。这些条件包括物质条件和精神条件两个方面,良好的设备、工具、材料、资金、场地等物质条件是优质完成工作任务的保障,企业文化、知识更新、鼓励机制、职业前景等精神条件是凝聚团队力量的基础,两者的完美配合可以促成预期中的工作结果。

4. 分清重点

分清重点是指根据设计业务的轻重缓急而分配完成任务的时间和担当人员。在同时进行多项设计业务时,为了确保重点项目的及时完成,必须集中优势兵力。面对刚刚承揽的新业务,也要与原有项目一起考虑,统筹兼顾,根据重要性原则,在不影响全局的前提下,对人员部署和资源配备做出适当的调整。

第二节 服装设计业务的导入

任务分配等于是一场战役的排兵布阵,经过了任务分配等准备步骤以后,设计业务才正式进入了执行期。在此之前,首先要做的是业务的导入,即以正确的方式,将业务的性质、标的、时间等内容明确地告知设计团队的每一个成员,并及时做好必要的前期准备工作,为随后的设计工作奠定良好的工作基础。

一、业务分析

服装设计业务的导入工作往往从业务分析开始。业务分析是指通过对业务中的各项细节进行全面揭示和解释，发现问题的关键，找到解决问题的正确途径。

（一）分析的角度

1. 性质

认清业务的性质，有利于从重要性上对业务进行区分。业务的性质是多种多样的，从项目来源上分，有政府项目、企业项目等；从作用上分，有制服设计业务、成衣设计业务等；从合作时间上分，有长期项目、短期项目等。有时候，业务的性质与业务的利润往往没有直接关系，一些十分重要的项目往往没有太多的利润，甚至是免费的，比如，政府委派的公益性服装设计项目等，这就要看设计团队是如何看待业务性质与重要性的关系了。

2. 数量

看清业务的数量，有助于从时间上做好工作安排。由于设计业务的大小不同，完成业务所需要的时间也有长有短，比如，有些业务只有一两个款式，有些则可能几百个款式；有些仅仅是一个 LOGO 设计，有些则是完整的 VI 系统设计。业务数量似乎从业务谈判时就已经比较清晰了，但是，有些工作量会随着业务的深入而莫名地派生出来，对此应该有一个充分的估计，否则会因此给合同规定完成的时间带来压力。

3. 难度

分析业务的难度，可以从宏观上把握和分配业务所需要占用的资源。业务的难度因人而异，因团队的能力而异，所谓"难者不会，会者不难"。业务上的难度有不同的表现形式，比如，技术难度、时间难度、配合难度、资金难度、协作难度、设备难度、沟通难度等等。如果确定了难度因素之后，就可以将这些难度按照一定的等级排序，列出首要问题，优先解决始终处于首位的问题。

4. 形式

了解业务的递交形式，能够在技术上做到心中有数，合理调配技术资源。有些设计业务需要非常完整的递交形式，比如，有些款式设计不仅是款式画稿，还需要尺寸标注、面料小样、工艺单、搭配指导、1∶1 图案，甚至还需要纸样、坯样或样衣等；有些业务需要以打印稿、手绘稿、电子文件等形式递交；有些仅需要最终文件即可，有些则需要完整的全过程文件；有些只要口头汇报，有些则需要组织项目验收。

（二）分析的方法

业务分析的目的是为了让执行业务的相关人员全面了解业务的方方面面，在做好心理准备的同时，找到一些解决问题的切入点。常用的业务分析方法主要有以下几种：

1. 头脑风暴法

头脑风暴法是强调激发设计开发人员智慧的直觉式分析方法，通过一种特殊的小型会议，使与会人员围绕问题展开讨论。头脑风暴法的目的在于针对设计业务的各个方面展开讨论，以求获得尽可能广泛的解决方案。理想的结果是罗列出所有可能的解决方案。当然，想进行非常全面的考虑并不是一件容易的事，但是通过集体智慧得到的思维结果相比个人而言，在广泛性、深刻性等方面具有较大的优势（图 3-3）。

2. 业务评价法

业务评价法是针对业务中的各种需求乃至可能出现的问题作全面的考察和分析，从而激发新的产品概念和设计构思。其中可以包括：现有问题分析法、需求缺口分析法、目标市场细分法、相关品牌归类法等。

3. 流行趋势分析法

流行趋势分析法是指从品牌服装新产品未来使用的对象、环境、方法（TPO原则）的预测来刺激服装新产品设计概念的产生。采用趋势分析法时可以同时结合设计开发人员的自由遐想，将目前市场热销产品、媒体导向、假设方案等因素同时糅合，做出流行趋势预测。

4. 关联问题分析法

关联问题分析法是通过研究与新业务各相关因素之间有相互关联的问题，分析其间的相互关系而产生新的解决方案的方法。关联问题分析法中的业务联

图3-3 头脑风暴是在短时间内激发设计开发人员智慧灵感的最佳捷径

系有些是直接的，有些是间接的。这些业务之间的交叉跨度越大，产生的创意方案越是奇特。

（三）分析的结果

分析的结果是指经过业务分析活动后得出的结论。不管上述业务分析活动是否解决了什么问题，都应该有一个结果，不能随着此类活动的结束而无果而终。业务分析的结果是指导下一步业务开展的依据，一旦得到满意的结果，就应该立刻进入下一步业务环节。如果一次分析活动不能得到满意的结果，则可以开展多次类似活动，并适当改变一些方法，提炼出上次活动没有解决的核心问题，必要时，为再次集中讨论而要求相关人员分头做一些准备，直至出现这种结果为止。

业务分析结果一般由业务负责人牵头，以书面文件的形式总结，并下发至每一位相关人员。它可以包括几个方面：一是执行业务的方案，包括人员组织、执行步骤、条件配备等；二是技术要点，包括设计方法、技术标准、表现形式等；三是存在的问题，包括当前存在的问题、今后遇到的问题以及解决这些问题的设想等。

二、资源准备

资源准备是指对项目执行过程中可能用到的各种要素进行事先的积累和铺垫。一项设计业务可能需要利用很多资源，尤其是一些大型项目，动用的资源可能是难以计数的。为了很好地完成设计任务，在正式执行这些任务之前，还必须做好充分的资源准备工作，所谓"不打无准备之仗"。

（一）资源的种类

资源的定义原先是指人们拥有的物力、财力、人力等各种物质要素的总称，分为自然资源和社会资源两大类。前者如土地、水源、森林、动物、矿藏等，后者包括人力资源、信息资源以及经过劳动创造的各种物质财富。在此，资源是指有利于开展设计业务的一切可被用来开发和利用

的客观存在,主要包括以下几类:

1. 人力资源

人力资源是指设计团队中所需要的、拥有能够为设计业务创造价值的有能力的专业人才。比如,服装设计师、平面设计师、卖场设计师、产品陈列师、样板设计师、工艺设计师、市场分析师等等。这些专业人才的知识和作用具有以下几个特点:一是时效性;二是能动性;三是智力性;四是时代性;五是社会性;六是消耗性。人力资源是所有资源中最重要的资源,因此,人才队伍需要不断地调整、充实和更新。

2. 信息资源

信息资源是指设计业务的执行及管理过程中所涉及到的一切资讯、文件、材料、图片和数据等信息的总称,它涉及到设计业务信息的产生、获取、处理、存储、传输和使用等一切与信息相关的业务活动环节。信息资源具有以下几个特点:一是重复性;二是导向性;三是整合性;四是互动性;五是交换性;六是流动性;七是时间性;八是价值性。人们最熟悉的与服装设计业务有关的信息就是服装流行趋势信息、最新面辅料信息等。

3. 产业资源

产业资源是指能够为服装设计业务提供配套服务的、聚集在服装产业链上的每个具体行业或企业的总称。从业务关系上,可以分为直接产业资源和间接产业资源,前者有面料行业、辅料行业、服装行业、咨询行业等,后者有零售行业、印刷行业、广告行业等。设计团队在完成设计业务的过程中,必然会与上述行业发生或多或少的业务联系,因此,必须对这些直接或间接的企业做一个内部信用等级的评估,以备在寻求合作时能够迅速联系。

4. 社会资源

社会资源是指那些有助于设计业务的寻找和完成的、在专业分工上与服装行业不发生直接关联的人、财、物的总称,特指社会关系,比如,亲朋好友、上级领导、老师长辈、社团组织等等。这些资源具有以下几个特点:一是分散性;二是流动性;三是网络性;四是人文性;五是临时性。如果运用得当,他们能够利用各自的社会地位,为设计业务活动起到牵线搭桥、协调矛盾、出谋划策等作用(图3-4)。

(二)资源的建立

在上述各种资源中,对设计团队来说使用频率较高的资源应该是信息资源。因为就服装设计业务而言,信息资源的变化速度最快、相关程度最高、潜在价值最大,

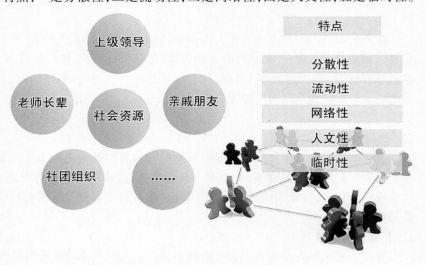

图3-4 了解社会资源的多样性及其特点,巧妙运用,可以达到事倍功半的效果

因此,本节以信息资源为例,说明资源建立和整理的基本要求。

与服装设计业务有直接关联的信息资源主要分为外部信息和内部信息两大部分,信息资源的建立也应该围绕这两大部分开展。

1. 外部信息

顾名思义,外部信息是指来自于企业外部的关于服装业内的所有信息。经过整理的有效外部信息对设计业务起着指导性和方向性作用。其中可以细分为以下四种信息:

(1) 国际行情(流行)信息

一般来说,此类信息主要来自于服装专业网站。这些网站的出现为获取信息资源提供了一条便捷、经济的通道。据有关年鉴统计,我国服装信息服务平台类网站数量约有 100 多个,其共同点是不同程度地提供了服装行业的相关信息服务。另外,还来自于服装专业杂志。相对来说,杂志上的信息量比网站上的信息量少,而且信息传递的速度慢(图 3-5)。

图 3-5　各类专业服装网站在不同程度上提供了服装行业的相关信息服务

(2) 消费需求(市场)信息

此类信息的来源可以分为两种,一种是狭义的市场调研,即以卖场为核心的终端市场调研,了解产品销售情况。这种调研一般要求提前于某一季产品设计之前一年开始,也就是说,如果要设计明年秋冬产品的话,应该在今年秋冬结束市场调研。另一种是在消费者中间展开的需求调研,了解消费者面对目前市场上的产品存在的不足,还有什么新的需求。这种调研的时间可以比前一种调研略微拖后,在总结了前者的基础上进行。

（3）竞争对手（同业）信息

此类信息来自于行业内部，掌握他们在产品开发方面正在或者将要发生的情况与制定的计划，给自己即将着手的设计业务作制定设计策略的参考。严格来说，这里面存在应该区别对待的两类情况，一类是与委托方在市场规模、产品档次和品牌美誉度等方面基本上处于同等水平的品牌，也就是俗称"竞品"的竞争品牌。另一类是上述各方面都要明显高于委托方的行业内其他同类产品品牌，这些品牌被称为目标品牌。由于新产品设计开发属于企业的商业机密，企业一般都会采取一定的防范措施，保证这些信息不外流，特别是行业内标杆性企业，更是在劳动合同中专门设有保密条款或竞业条款，因此，获取这种信息的难度较大。

（4）合作企业（供应）信息

此类信息来自于与委托方保持业务合作的企业，一般是指面辅料供应商、流行研究机构、承接加工企业等，也可以包括一些进行品牌战略合作的伙伴企业，如代理经销商。其中，供应商和流行研究机构所掌握的信息对企业将要进行的产品开发直接有效，因为他们可能更直接地掌握着最新的面辅料信息和流行趋势信息。

2. 内部信息

内部信息是指来自于企业内部与产品开发相关的各部门所掌握的信息。这些信息一般是对企业自身产品的过去或正在发生的情况的总结性数据或资料，以及品牌运作管理文件，对新产品设计起着基础性和支持性作用。其中可以细分为以下三种信息：

（1）货品流通信息

此类信息是指企业自身货品的销售、库存等情况的汇总，里面包含着很多对新产品设计具有非常重要的参考价值信息，比如，哪些产品是畅销款或滞销款，哪些产品有修改价值，哪些产品必须及时清理等等，一般需要通过严谨的数据统计得出上述结果，经过设计部门的分析，将这些结果分别贴上保留、改进或取消等标签，在后续产品开发中体现出来。然而，这项十分重要的基础工作被目前国内很多服装企业忽略了。

（2）资金流通信息

此类信息是指企业内可以用于产品开发的资金情况，表现为企业支持产品开发的力度。其中可以包括三个部分：一部分是指用于对产品开发过程的支持，比如购买样品和流行报告、聘请外协团队、国内外市场调研等发生的经费；一部分是指用于全部产品投产的资金计划，比如产品的生产、采购、包装等需要的资金；还有一部分是指用于品牌推广的资金，比如改造零售终端、投放促销广告、印刷产品样本等需要的资金。

（3）管理执行信息

此类信息是指企业内部在产品开发管理方面的有关规定和执行情况，反映了企业为产品设计提供的组织保障。设计管理是贯彻产品开发计划的必要环节，企业设计管理条例的制定是为了保障设计任务得以更好地完成，为设计团队鸣锣开道，扫除执行过程中的后顾之忧，因此，新的管理条例、新的工作环境也是设计团队应该关心和利用的信息之一。

（三）资源的整理

要使用信息，首先是整理信息。很多国内品牌服装企业都非常关注国际服装流行趋势，目的是为了保持与国际服装市场同步，或者说是为了领先国内同行一步。这个想法本身并没有错误，不过在实际操作中，一些品牌服装企业往往缺少辨别能力，表现为因使用方法不当而导致信息的误用。在实际操作中,可以通过以下方法进行信息的整理。

1. 碎片整理

在最初收集来的信息中,很多信息是以碎片状态存在的,即不完整的、断裂的、零星的信息片段,如个别数据、局部造型、零碎布料等等。造成这种情况的原因有两个,一是因为种种原因而无法收集到全部信息,如时间仓促、对方阻拦等等原因。二是只需要利用全部信息中的部分片段,如以女装款式为例,可能只需要衣领、或袖子、或口袋等别出心裁的局部细节。为了达到"以偏概全、管中窥豹"的目的,让部分信息反映信息对象的完整面貌,需要信息整理者利用专业知识,像复原破损文物般地在这些信息碎片中找到逻辑关系,进行假设、推理、论证,拼合成完整的信息,从中发现具有利用价值的信息。

2. 信息对照

信息整理的要求是了解委托方以前在产品设计方面干过些什么,现在正在干些什么,它们之间的延续关系如何,具体做法是从时间角度,将最新收集到的信息纵向地进行同类信息对照,提炼其中的有效信息。比如以男式西服领型的串口线为例,其高低、长短、角度等有无差异,通过现实与过去的信息进行比较和对照,提炼出具有实际借鉴意义的信息。对于销售量、库存量、利率润等比较抽象的数据信息来说,利用对照的方法进行信息提炼更为对口,能够比较方便地寻找其中的异同点。

3. 重点标注

面对浩如烟海的信息,缺乏经验的人们会犯晕,犹如面对整屋子成千上万本胡乱堆放的书籍,不知从何处着手或需要多少时间,才能理出图书馆里整齐划一的效果。其实,整理信息的首要步骤是设定信息整理的原则,对全部信息进行归类。然后,在每个类别里,根据对信息价值的初步判断,做出保留或舍弃的处理。最后,在保留的信息里,再次细化分类,根据使用的可能性,凸显重点信息并标注出来,成为井然有序的"信息图书馆",备日后方便地取用(图3-6)。

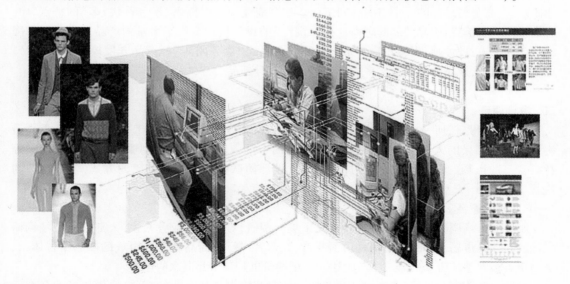

图3-6 在数字化信息社会,善于将浩如烟海的信息分类并标注出重点信息是节约时间、提高效率的有效途径

4. 数据统计

信息整理过程需要进行大量的数据统计工作。在服装产品开发中,数据是多样化的,抽象的纯粹数字是数据,具象的款式图形也可作为数据,前者可以简单明了地描述一些比较抽象的信息内容,如数量、价格、尺寸、规格等,后者是对造型、色彩、材料等直观信息的形象描述,是服装产品开发所关心的重点。此类信息的数据统计比较复杂,牵涉因素较广,模糊定义较多,但是,经过判断和统计,还是能够提炼出对象的信息。比如,以口袋为例,在所有收集到的当季关于口袋的信息中,用列表方式统计出插袋、贴袋、拉链袋、立体袋、嵌线袋等袋型各有多少,根据比例的高低做出排序,就能判断流行结果的真实情况。

5. 定义求证

整理信息的目的是为了提炼出来的信息能够在实际的设计业务中应用。在面对一些非常重要却未置可否的信息时,为了确保整理结果的真实性和权威性,需要向有关专家或业内资深人士咨询,进一步确认其真实性。特别是一些关键数据,更应该仔细求证。因为,虚假的信息是非常有害的,真实的数据才是整理真实信息的基础。著名的耐克公司(NIKE)雇佣将近 100 名研究人员,专门从事研究工作,其中许多人具有生物力学、实验生理学、工程技术、工业设计学、化学和各种相关领域的学位。另外还聘请了研究委员会和顾客委员会,其中有教练员、运动员、设备经营人、医学专家,他们定期与公司见面,审核各种设计方案、材料和改进运动鞋的设想,为产品设计提供了坚实的后援。

6. 团队参与

面对同样的信息,不同专业背景的人有不同的理解。仅凭设计师进行信息提炼有时会有失偏颇。在进行信息提炼时,可以会同不同部门的主要成员,从他们的角度出发,获得对信息的完整解读,共同完成信息提炼工作。西班牙品牌飒拉(ZARA)每年要推出上万个新产品,其在产品开发方面的秘诀就是该品牌拥有一个由设计专家、市场分析专家和采购人员等 300 人组成的商业团队,在其公司总部的一个空间共同工作。这个商业团队发挥出"准、省、快、多"的特点,即:收集市场需求信息,确保产品的时尚;"按需设计"的设计模式节约了大量的产品导入时间和降低了产品风险;设计师、市场专家和采购专家联合组成"商务团队"新产品开发模式(图3-7)。通过产品组合,该品牌每年推出多达 12 000 余款设计新品。

三、市场调研

市场调研是任何一项服装设计业务的基础。在此,市场的含义是十分广泛的,只要是最终接受设计结果的人和场所,都可以是广义上的市场。因此,成衣、制服、表演服、定制服等都有自己的市场。针对各类不同的设计业务,设计团队都需要通过调研的方式,了解它们的现状。

(一)调研的途径

服装的市场调研包括广义市场和狭义市场的调研,对于设计业务来说,大部分的市场调研应该放在狭义市场上。狭义市场是由消费者、经营者,货币,商品和卖场组成的商品销售体系,是消费者最熟悉的市场概念。本节论述的市场调研也是基于此概念的市场。

开展市场调研的时候,要注意了解委托方经营范围中其他企业的现状,熟悉市场的各个运作环节,增加对于市场营销的感性知识,为市场决策提供依据。同时还要去了解委托方的对手

图3-7　ZARA 紧密有效的团队合作是其成功不可或缺的因素

品牌和服务,及时调整设计策略。另外还要帮助委托方做好自我检查,认清自身的市场地位和行业地位,制定长远的发展战略。

市场调研的途径可以从以下几个方面入手:

① 服装供应厂家;

② 服装零售市场;

③ 服装批发市场;

④ 服装媒体信息;

⑤ 服装材料市场;

⑥ 服装展览会场;

⑦ 公众时尚场所。

(二) 调研的方法

调研的方法和态度将会影响调研的结果。根据不同的设计业务要求,设计团队在进行市场调研的时候,经常使用以下一些调研方法(表3-1):

1. 问卷法

问卷法是指事先设定一定目的和数量的问题,要求被调研者进行书面回答。这种类型的调研结果通常会得到比较全面的数据样本,并且有客观性强和真实性高等特点,但是,问卷法要求参与调研的人数多,花费的时间长,人力物力的投入相对较大(图3-8)。

2. 观测法

观测法是指在事先确定的典型场合,进行实地观察和统计的方法。这种类型的调研结果往往会由于参与调研者的经验不足而带有一定的主观性,数据采集不够全面,但是,观测法需要参与的人不多,过程比较简单,数据采集比较方便。

图3-8　问卷法具有数据样本数全,客观性强,真实性高等特点

3. 统计法

统计法是指对数据进行收集和整理,做出一系列的分析的方法。通常来说,统计法花费的时间少,工作简单,开支较小,参与调研的人也比较少,适合做概念性的调研。但是,统计法收集的资料往往不具权威性,或不够全面,甚至容易出现资料的过时性。

4. 访问法

访问法是指通过面对面地与被访者交流而获得相关信息的方法。访问法的针对性很强,被访对象都是事前挑选的,访问前还需要预约,通过访问获得的信息比较细致、全面,不过,访问法的工作量很大,样本数有限,且较难找到愿意配合的被访对象。

表3-1　调研方法优缺点对照表

	优　点	缺　点
问卷法	数据采集比较全面,调研结果非常客观、真实可靠,适合全面的横向调研	参与调研者多,花费时间很长,费用开支大,工作过程复杂
观测法	费用开支小,数据采集比较方便、可做单一品牌的纵向调研	花费时间较长,参与者较多,工作过程比较复杂
统计法	花费时间短,工作过程简单,费用开支小,参与者较少,适合做概念性调研	资料收集的内容比较单一,容易失实,调研结果容易出现主观倾向
访问法	问题的针对性强,被访对象具有典型性或权威性,适合做深入性调研	被访对象难以选定,样本数有限,不易全面掌握数据

(三) 调研的对象

调研应该找准对象,否则不仅事倍功半,而且那些不全面、不权威、不真实的"三不"数据将会误导调研的本来目的。除了找对对象群,还需要找对对象群中的个体。一般来说,服装设计业务调研的对象有以下一些：

1．竞品调研

　　竞品调研是指针对委托方的竞争品牌进行的调研。在企业经营的道路上，一般都有竞争对手，他们的运作情况是其他对手急于想了解的。在此类调研中，可以让委托方提出他们的竞争对手及其品牌，设计团队对所能得到的后者的情况进行调研。由于保护商业机密等缘故，此类调研是比较艰难的调研，调研者必须做好充分的思想准备，并通过一些合法的手段与方法，获得想要掌握的数据。

2．客户调研

　　客户调研是指针对委托方本身开展的调研。在接到设计业务以后，通常需要清楚地了解委托方企业本身的情况，包括其公司的性质和股本结构；客户的人才结构与待遇；客户的社会资源状况；客户的销售网络及现状；客户进行品牌提升的基础；客户当前存在的主要问题等等。比如客户是品牌服装企业的话，要考虑客户品牌的定位是否存在同类型竞争品牌；客户需求是要保持原有设计风格，还是进一步地提升品牌，或者对品牌做彻底调整，甚至创立新品牌等。

3．伙伴调研

　　伙伴调研是指针对委托方的合作伙伴进行的调研。企业是一个社会化组织，与委托方合作的伙伴为数很多，他们对委托方的评价比后者对自己的评价更为客观，侧重点也各不相同，调研者可以从中获得委托方无法提供的比较真实的信息。比如委托方的经销商对于货品质量的意见、对于终端形象的意见、对于分销模式的意见、对于货品上柜速度的意见等等，都可以成为改进产品设计和理顺销售体系的依据之一。

4．目标调研

　　目标调研是指针对委托方的目标市场或目标消费者所作的调研。目标群体的需求会直接影响到产品设计的方法及其结果，了解目标消费群体的经济能力、文化背景和审美取向等各种因素的构成，有利于设计团队更加清晰自己的工作目标，还包括参与设计的设计师的问题。比如，对于成衣设计业务而言，通过对目标群体的穿着和生活习惯的了解，可以更加清楚服装的价格定位和过去销售的情况，掌握到目标群体通常购买哪些品牌和类别的服装、对面料的质地和颜色有哪些偏好、在什么场合会穿着什么样的衣服、流行趋势对这些消费者的穿着会有多少影响等等信息，来确定服装设计的大方向，避免设计脱离实际的情况发生。

5．产品调研

　　产品调研是指针对设计业务瞄准的零售市场产品进行的调研。这些产品包括现有产品和先前产品，调研的重点已不在于关注整个品牌的情况，而是致力于对任何品牌的任何产品进行筛选，从中选择可以为我所用的信息。在了解客户信息和目标群体的基础上，设计团队应该考虑更深入的产品因素，帮助确立什么样的产品才是可以打入市场的对路产品。比如，对产品的面料性能和面料成本、具体的款式和细节、流行因素及其应用等等。有需要的话，在市场以前出现过的产品上下功夫，从微观上的工艺、针距、图案，到宏观上的产品系列的整个配比，可以寻找到不少有用的信息，而且，流行现象中也有轮回翻新的规律。

6．人员调研

　　人员调研是指针对服装业内人士开展的调研。业内人士的构成十分复杂，根据其在服装产业链中的具体部门、职位、从业经历等因素而各有所长，比如，服装企业的策划师、设计师、销售人员等;服装商场的营业人员、管理人员等;服装咨询机构的研究员、项目经理等;时尚传媒的编辑、撰稿人等。与普通消费者不同的是,他们对服装的看法比较专业,观点中的理性成分居多,一般采用访谈法对此类人员进行调研。

(四)调研的结果

每次比较正式的调研都应该有一个清晰、客观的结果。市场调研的结果不是对设计业务的最终决策,而是以调研报告的形式,得出可供设计团队参考的总结。调研报告通常包括以下基本内容。

1. 调研任务

指出本次市场调研的项目背景和主要任务,包括调研的意义和作用等。

2. 调研方法

说明本次市场调研采用的主要方法及其特点,包括参加人员及分工、分析软件等。

3. 调研途径

说明本次调研通过的渠道,包括调研范围、采访对象、数据来源等。

4. 工作过程

实际开展调研工作过程的必要描述,包括一些对理解本次任务有益的工作细节。

5. 遇到的问题

罗列在调研过程中遇到和发现的,可能会影响调研结果的,尤其是意料之外的问题。

6. 分析与归纳

对每一个罗列出来的问题进行分析判断,发现问题的根源。对原始数据进行归纳整理。

7. 调研结论

顺其自然地得出本次调研的合乎逻辑的、客观的、公正的结论。

8. 建议

提出对发现问题的解决方法和合理化建议,供决策部门参考。

在调研报告中,需要罗列大量的数据和实例,配合图片、表格等形式表达。报告中的文字以平实、精练、准确、实效为主,切忌文字中含有夹杂水分、堆砌词藻、口语化和条理不清等现象。结论和建议要有根有据,尽量避免主观臆断,使调研结果切实可信。

第三节　服装设计业务的策划

在经过了前面几个正式开展服装设计业务的准备环节之后,将进入产品设计的策划环节。策划又叫企划,也即计划、规划、谋划之意,其实质是策略性地规定和构建产品框架体系,并为此而寻找该策划方案实现的支持。因此,对于产品设计环节来说,策划环节仍然是一个比较抽象和概括的描述,严格来说,它不能算作真正的产品设计工作,只能作为其前期的准备工作之一。

一、策划的特征

策划工作是一项难度较大、责任较重的工作,它是将未来发生的结果与目前存在的状况进行假想性联系,因此,从某种程度上来看,策划者就是预言家。服装设计业务的策划是带有很多专业性知识的集合,不是简单的设计稿件,而是一项思维性很强的工作,具有鲜明的预言性、动态性、系统性,设计工作的价值正是通过这些特性表现出来。

(一)预言性与超前性

预言性是指策划仅仅是一个对未来市场情况的设想。而且,这种设想往往是策划者对理想状态的描述,难以预料的不利因素未列其中,因此,策划的结果只能是尽可能接近实现的结果,不能取而代之。为了使策划的结果达到这一要求,必须在顺应和尊重市场实际情况的前提下,坚持自己的特色,不能反其道而行之。

超前性是指以未来现实为标准,对策划结果进行恰到好处地超越现状的预估。这种预估的目的是为了使策划结果与未来现实尽可能吻合,也是一项看似目的明确但把握起来十分困难的工作。为了做到这一点,在制定产品设计和运作计划中,除了要很好地把握服装流行趋势以外,还要积极寻求创新点,比如在品牌风格、产品细节、服装搭配、营销策略、卖场形象等方面的创新。创新也许不能立竿见影地带来一些眼前的利润,但是从长远的角度来看,市场永远需要新的东西,创新留下的空间正好可以成为对接未来的筹码。

(二)系统性与逻辑性

系统性是指策划工作必须考虑到整个运作系统的方方面面的联系,包括它们的利弊关系和前后顺序等等。对于一些大型服装设计业务来说,涉及的内容很多,比如,产品设计、卖场设计、包装设计,甚至上货波段、生产计划、业务培训等等,都需要一一确定。这些内容在落实过程中,必然会遇到资金、人才、时间、空间等资源利用和环节衔接之类的问题,经济、准时、安全地处理好这些问题,系统性的价值得以在此充分体现。

逻辑性是指策划结果的各部分之间必须消除理论上的矛盾。当策划一项复杂业务时,可能会因为时间仓促或经验不足等原因而出现各种各样的矛盾,有些矛盾甚至不能自圆其说,势必给旁人留下话柄,而且,有些不易察觉的矛盾会带来操作中的麻烦,这其实也是策划特征中要求系统性强的表现。比如,在一个强调苏格兰文化渊源的品牌故事中,却多处出现了法式浪漫;在南方地区盛夏上市的服装却有长袖衬衣等等。只要对策划方案中的各项反复验证和留心校对,这些问题应该可以消除。

(三)动态性与可行性

动态性是指策划工作始终因为市场变化或其他突发因素而处于一个动态变化的过程中,这就要求策划工作应该留出一定的局部调整空间。正是由于策划总是在动态中调整的缘故,使得策划工作带有一定的风险,也即对未来结果的预言失误,因此,策划者的责任十分重大,维系着未来一个阶段内委托方的经营目的是否能够顺利实现的重担。

可行性也即可操作性,是指在实现策划方案时遇到的理想与现实之间的某种平衡关系。任何策划方案的最基本要点就是必须具备可操作性,其标准是经济、高效、清晰、准确,可以使策划方案的执行者按图索骥地获得预计结果。如果一项貌似完整严谨的策划方案不能在现实中顺利操作,或一旦照做必然会漏洞百出,那就等于是花拳绣腿,轻者将因为临时调整策划内容陷于忙乱,重者使委托方遭遇滑铁卢之创。可行度不仅反映了策划方案的严谨程度,还反映了策划者的实际工作经验,因此,策划者务必重视和提高策划方案的可操作性。

二、策划的依据

在大型服装企业里,策划工作由专门的策划部门负责完成。在职场中,可以担任策划工作者为数不少,能够客串产品设计者却寥寥无几。换句话说,产品设计师可以完成策划工作,策划师却难以胜任产品设计工作,因此,有些小型服装企业往往将策划重任交给产品设计师完成。

(一)以项目的目标为依据

以项目为目标的策划是指根据项目锁定的目标,将各项细节内容按照时间、人手或资金等因素进行倒推,获得符合客观规律的策划结果。比如,客户提出一项必须在某个时间段内将销售额达到一定目标的要求,此时,设计机构可以根据这一要求,计算出在这一时间内需要多少个销售点才能分摊这一销售额,这一销售额又需要多少货品支撑,这些货品需要分解成多少款式,每个款式最好配备多少种颜色,生产这些货品需要多少时间等等,这样一来,一个策划方案的基本框架就已成形。这种策划方法比较适合具有行业基础的企业,他们的从业经验可以让他们很快理解其中的道理,沟通起来比较流畅。比如,要求品牌提升或致力于市场扩张的服装企业。

(二)以客户的愿望为依据

以客户为中心的策划是指以客户提出的主观要求为中心,根据现有的或将来配备的条件为基础,进行逐步推进和演算,得到顺理成章的策划结果。比如,客户笼统地提出了举办一个时装发布会的要求,设计机构应该按照时装发布会的基本要求,提出一个一般性建议,随后要求客户基于这一建议,提出发布服装的套数、时间等具体的要求,最后再根据行业通行规则,将此要求搭建出一个基本框架,包括资金、地点、人员、服装、舞美等安排,并逐步完善成为一个可行方案。这种策划方法比较适合面对某些方面不十分内行的客户,他们希望策划者能够提出更多可供参考的意见,比如,要求定制服装的企业、个别演艺明星、外贸服装企业等等。

(三)以资源的利用为依据

以资源为根据的策划是指按照委托方现有资源,在不再过多扩充资源的前提下,给出最佳策划方案。此类委托方一般已经遭遇到资金瓶颈,无力或不敢投入更多资金用于新的项目。比如,客户希望在新增投入不多的前提下实现新的增长点,这就要求设计机构通过折扣处理货品、出售无形资产、联合其他企业、追讨应收款项等办法,能够盘活现有资源,聚拢分散资金,形成出击的合力。一般来说,此类设计业务不太好对付,将会遭遇"巧妇难为无米之炊"的尴尬。做好此类业务的前提是,设计机构本身设计能力强,社会资源充足,项目预定的完成时间较长,并深得委托方信任。从实质上看,这是一种资源重组或整合,如果在许多客观条件的配合下,仍然有成功的可能。

三、策划的结果

和市场调研一样,任何策划活动都需要有一个结果。所谓策划结果,就是策划活动在经过一定时间的工作以后得到的结论,一般以策划方案或策划报告的形式表现,也称策划书。通常情况下,此时的策划方案不是产品设计方案,因此,它一般不包括具体的产品设计结果。事实上,在策划方案结束之时,需要根据策划方案的最终结论行事的产品设计方案可能尚未正式启动。所以,我们把它看作服装设计业务的前期准备工作之一。

（一）策划结果的表达

由于策划内容的不同，策划书的形式也有所不同。比如，广告策划书、品牌策划书、创业策划书等，在内容和形式上各不相同。尽管如此，策划书的基本框架大同小异。为了确保策划书能行之有效，策划者应该考虑以下几个要点：

1. 以精撰摘要为引导

策划书中的摘要十分重要，它浓缩了的策划书的精华。它是委托方首先要看的内容，必须能让委托方在短时间内留下深刻的印象，做出最初的判断，并有兴趣并渴望得到更多的信息。策划摘要将是策划者所写的最核心内容，列在策划书的最前面。简单来说，就是将策划书中最关键的几个环节，以简明扼要的文字或图片表达出来，相当于论文的摘要，包括设计业务的基本情况、竞争优势、市场前景、产品框架、运作路线、品牌形象、运作预测、资金需求状况等。

2. 以了解市场为基础

策划书要给委托方提供一种对目标市场的深入分析和理解。要细致分析经济、地理、职业以及心理等因素对消费者选择购买本企业产品这一行为的影响，以及各个因素所起的作用。策划书中还应包括一个主要的营销计划，计划中应列出本企业打算开展广告、促销以及公共关系活动的地区，明确每一项活动的预算和收益。策划书中还应简述一下企业的销售战略：企业是使用外面的销售代表还是使用内部职员？企业是使用转卖商、分销商还是特许商？企业将提供何种类型的销售培训？此外，策划书还应特别关注一下销售中的细节问题。

3. 以体现创新为特色

创新始终是策划的主线，否则，没有创新的策划也不成其为策划。当然，每一项策划中的创新程度及创新点是不同的，这需要策划方与委托方形成一致意见，才能正确地表述出来。值得注意的是，创新并不是万能的，在准备不足或认识模糊等情况下，创新行为非但不能形成新工作的策划亮点，反而会损害工作的结果。既然称为创新，从理论上来说一定是前所未有的，也就没有了可以参照的成功范本，因此，任何创新的想法都带有一定的风险，必须经过严谨的考证并被认为是可行的方案之后，才能在策划书中正式提出。

4. 以突出产品为重点

产品始终是企业盈利的载体，不管品牌唱出何种高调，最后总是以产品说话。委托方最关心的问题之一是新产品、新技术或新服务能否以及在多大程度上可以满足自己的需要，或者它们能否帮助自己节约开支和增加收入。因此，在策划书中，应该把对产品的描述作为核心，提供所有将要推出的产品或服务有什么特征，其独特性如何、产品的市场竞争力如何、产品分销方法如何、产品的市场前景如何、消费者在哪里、产品的成本与售价是多少等等，把委托方的注意力拉回到企业的产品或服务中来，使其对策划书的核心部分产生兴趣。在策划书中，产品的属性和定义对策划者来说也许是非常明确的，但其他人却不一定清楚，此时，提炼描述产品的文字变得十分重要，通俗易懂的方式使不是专业人员的委托方也能迅速明白产品的要点。

5. 以行动计划为纲领

策划的价值不在于一份可观的策划书，而是在于高含金量的执行结果。设计方案的执行应该参照策划书中的有关规定进行，因此，策划书中必须包括行动计划。新的行动计划应该是无懈可击的，它应该明确下列问题：如何开发产品、如何生产产品、如何推销产品、如何控制成本、如何运用资源、如何提升品牌、如何打造企业文化等等。成熟的策划书不是原则性地对这些问题描述一番,而是必须让这些行动计划可以真正地指导委托方贯彻执行。

6. 以展示实力为辅助

策划书的功效之一是取得委托方的信任和支持,为此,策划者应该采用恰当的方式和语言,把设计团队的实力表示出来。只有一支充满自信和激情的设计团队,才是委托方可以信赖的力量。在策划书中,可以描述一下整个设计团队的概况及其职责,然而再分别介绍每位团队成员过去的经历、特殊才能和专业造诣,细致描述每个团队成员将在设计业务中所做的贡献,明确管理目标以及组织机构图。在介绍设计团队时,还要说明创办新企业的思路,新思想的形成过程以及企业的目标和发展战略。

(二)策划结果的框架

策划书主要有两种形式,一种是表格式策划书。这种策划书的形式比较简单,内容有限,主要是数据性文字,使用面不广,主要是供设计团队内部使用。另一种是以书面语言叙述的图文式策划书。这种策划书的形式也不复杂,但是内容比较翔实,尤其是分析文字较多,篇幅较长,运用比较广泛,主要是面对委托方使用。在实践中,两者可以结合。尽管策划书可能因撰写者个性或个案的不同而有所不同,但是,一份完整的策划书的基本框架是相似的。下面是以成衣产品设计项目为例的策划书基本框架:

1. 前言

前言也称序言、摘要,简明概要地说明设计项目的时限、任务和目标,必要时还应说明营销战略。这是全部计划的精华,它的目的是把策划的要点提出来,让委托方的最高层决策者或执行人员快速阅读和了解,使他们对策划的某一部分有疑问时,能通过翻阅该部分迅速了解细节,所以有些策划书也称这部分为执行摘要。这部分内容不宜太长,以数百字为佳。

2. 市场分析

市场分析也称情况分析,是指以市场调研结果为依据,对未来市场进行分析。一般包括四方面的内容:一是企业经营情况分析;二是新产品概念分析;三是市场现状分析;四是消费者状态分析。撰写时应根据设计项目的重点任务,说明产品系列自身所具备的特点和优点,再根据市场分析的情况,把未来产品与市场中现有的同类商品进行比较,并指出消费者的爱好和偏向。如果有可能,既可以对产品、消费者和竞争者进行评估,也可以对新产品提出改进的建议。

3. 目标群体

目标群体也称目标消费者,是指设计策划所面对的对象。这些对象既包括市场上现有消费者,也包括未来的潜在消费者,主要是根据产品定位和市场研究来测算出目标对象都有哪些人、多少人、哪里人,特别要重视潜在消费者的需求特征和心理特征、生活方式和消费方式等,同时应确定目标市场,并说明选择此特定分布地区的理由。

4. 产品定位

产品定位是指基于顾客的物质与精神需求,寻找其产品在未来潜在顾客心目中占有的位置。产品定位的计划和实施以市场分析为基础,受市场分析指导,但比市场分析更深入人心,为创造一定的产品特色指出方向。产品定位的核心是要打造品牌价值,因此,必须与品牌诉求结合起来考虑。其重点是要对未来的潜在消费者下功夫,为此要从产品的款式、色彩、面料、包装、终端及服务等多方面作研究,并顾及到竞争对手的情况。

5. 设计重点

设计重点也叫设计分析,是指根据产品定位和市场分析的结果,阐明设计策略的目的、方法和设想等内容。其中可以包括产品的结构与数量、设计主题、主要细节、面料特征等,突出其中的重点内容,必要时应该用图片加以说明。比如,说明用什么方法提高产品在消费者心目中的地位,促成产品在同类市场上脱颖而出。

6. 销售策略

销售策略也叫营销策略,是指产品在销售上的设想。这些设想必须是有依据的,可实现的,不能信口开河。通常这部分内容由营销部门完成。为了使委托方对策划书有一个完整的概念,设计团队可以对此提出自己的看法。有的策划书在这部分内容中增设促销活动计划,写明促销活动采用的方式,特别要突出独创性的促销方式,也有把促销活动计划作为单独文件另行处理。

7. 预算经费

预算经费也叫项目费用,是指整个产品设计活动所需要的经费预算。要求根据项目的内容,详细列出各子项目所需的费用,一般以表格形式完成,列出调研、文案、设计、制作、咨询等费用。如果项目内容有限,涉及经费不多,则可以报出一个总价。报价的要点是成本加利润,即在全部成本上加上设计团队应得的利润。利润的大小一般是按成本乘以利润率计算,也可以按照固定利润计算。

8. 效果预测

效果预测也叫展望或结论,是指对未来实施结果所作的评价。这是策划书的结束部分,应该和前言部分规定的目标任务相呼应,要求实事求是地估算合乎逻辑的执行结果。这是因为,委托方也许是由于设计力量的缺乏而外包设计的,但是,这并不表明他们不懂得或是没有市场销售经验,言过其实的估算可能会被认为缺乏客观依据,严重时,委托方会误以为这是承揽方缺乏职业诚信的体现。

通常说来,策划书不要超过两万字。如果篇幅过长,可用附录的形式,把有些不十分重要的图表及分析数据列在其后。在实际撰写策划书时,上述 8 个部分可有增有减、有合有分。比如,可以根据委托方的资源情况或市场动向,新增公关计划、加盟计划、广告计划等部分。在策划书的每一部分开始处最好有一个简短的摘要。遇到引用数据,必须要用规范的格式,尽可能引用权威数据,并在策划书中注明所使用资料的来源,增加可信度。另外,在撰写过程中,可以视具体情况,将其中的一个或数个部分专门列出,写成相对独立的文案。

在保证内容可靠的前提下,策划书在实际操作中可以做一些形式上的创新,因为服装设计方案本身就充满了创新意味,策划书也可以充分发挥设计项目的特征,不拘一格地体现出一定的个性化特征,这与策划的主旨是一致的。

(三) 策划结果的汇报

策划结果的汇报是策划书完成以后的后续动作。为了使整个计划尽快地付诸实施,在策划书完成以后,应该将这一结果及时向委托方汇报。策划书的首要功效是让委托方接受策划活动的结果,通常以双方当面汇报的方式,完成这一环节的工作。一般分为以下几个步骤:

1. 预约汇报日期

在策划书进入尾声之前,可以事前向对方预约当面汇报的时间、地点,必要时,可以问清双方参与的成员,提高汇报的针对性和准确性。有时,由于合作双方相距甚远,加上双方决策者常常身兼重任而难以抽身,正式会晤一次不很方便,更需要进行提前安排。这种汇报的实质就是一种谈判,为了表示谈判的诚意,一般是承揽方上门汇报,随后可以采取一来一往的方式,实行平等沟通。

2. 提前送达纲要

在约定汇报时间之后，承揽方应该将汇报的大纲或要点，通过电子邮件或纸质文件等方式，提前送达委托方，供对方预先知晓汇报的大致内容，为对方可能提出质疑而提供方便。必要时，甚至可以向对方送达完整的策划书副本。这种做法不仅能够传递合作的诚意，在职业操守上容易获得对方的赞许，而且可以表示自己对专业能力的自信，不惧对方事先对策划结果找茬。

3. 演练汇报内容

在送出汇报纲要等文件之后，为了使汇报和沟通能够达到最理想的结果，承揽方应该利用剩余时间，组织相关人员进行汇报演练，特别是主要汇报者，必须十分熟悉汇报的内容。这种做法不仅便于在汇报过程中从容不迫地充分陈诉自己的观点，增加因为对汇报内容烂熟于胸而占据的心理上的优势，而且可以让委托方明显地感受到对其方案的重视，即使出现一些失误，也比较容易得到谅解。

4. 进行换位思考

在正式汇报过程中，委托方必然会因为对汇报内容的生疏或不解而提出一些疑问，或者提出一些临时性的新要求，要求承揽方回答。此时，承揽方应该适当地站在对方的位置上思考，凭借对专业知识的掌握和对策划结果的熟悉，对答如流地应对委托方提出疑问，使沟通的过程变得更加顺畅，沟通的结果变得更为客观，为接下来的方案调整找到要点，也为今后的方案实施奠定基础。

5. 做好后期调整

在对策划方案沟通以后，双方应该有一个初步的结论。其中包括是否符合要求、是否需要调整、需要调整什么、何时完成调整等等。实践证明，绝大多数策划方案都是需要进行调整的，无非是调整幅度的大小而已。调整的内容应该最大程度地确保合作初衷不会受到阻碍，因此，承揽方要在不失原则的情况下，尽量听取客户意见，从成本和运作的现实出发，做好整个策划方案的收尾工作。

本章小结

服装设计实务中的重点工作是服装产品设计，在此之前，还有大量铺垫性的准备工作。这些准备工作看上去似乎与服装设计工作无关，特别是策划书中的媒体计划或促销计划之类的工作，更像市场营销专业的分内活。实际上，服装设计工作并不是单纯地画出服装样式即可，在此之前的许多准备工作是必不可少的，也是一个全面型或总监型设计师必须具备的基本功。本章从寻找业务开始，对于如何进行业务谈判，如何签订业务合同，从分析业务、资源准备以及市场调研等角度，就服装设计业务如何最初导入，进行了陈述，重点是如何开展一项完整的服装设计业务必然会遇到的关于策划方案的一系列工作。一旦这一策划方案顺利完成，则预示着该业务可以进入设计业务程序的中期环节。

思考与练习

1. 在服装设计业务前期,寻找业务的要点是什么?
2. 全班以分组方式,分别扮演委托方、承揽方,虚拟一项成衣设计业务进行谈判。
3. 起草一份关于某指定服装品牌产品创新的策划书。

第四章

服装设计业务的中期实务

　　完成了前期准备工作以后,服装设计业务就可以进入中期实务阶段,这一阶段就是人们常说的服装设计阶段。如果从设计所服务对象的角度出发,服装设计大体上分为产品设计和作品设计两大类。作为制作实物前期的设计工作,产品设计是指为了消费者而进行的设计,设计的结果是用来作为批量产品的打样依据,也就是成衣类服装的图稿;作品设计是指为了设计师自身需要出发的设计,设计的主要目的并非为了批量成衣的生产,设计的结果是制作服装作品的依据。本课程针对的对象是成衣类服装,因此,本书关于设计业务的论述都是围绕着产品设计而展开的。

第一节　服装设计业务的产品设计

服装设计业务是诸多与服装设计有关业务的统称,其中的主要工作是服装产品的设计,也就是实实在在的新产品开发,这是服装设计业务中最主要的业务,也是任何服装设计团队的看家本领,必须予以充分重视。

一、设计要点

为了产品设计工作的高效性,在正式开始设计之前,设计团队应该通过集体讨论等方式,务必注意以下几个要点:

(一) 平衡创意与实用的关系

产品设计必然会遇到创意与实用的关系问题,设计中的关键在于把握产品设计中的创意度和实用度之间的平衡,不能走非此即彼的极端路线。如果过分强调创意的去功能化或过分强调实用的去美感化,那么,都将无助于提高产品的市场业绩。当产品设计出现了纯创意化倾向,就失却了实用产品与艺术作品在功能上的区分,而纯粹出于实用意义的产品设计,也就失去了设计艺术存在的必要。

从最基础的服装本义来说,它首先是最贴近人体的一种生活用品,其次才有可能成为艺术作品,因此,服装设计始终应以实用为主,创意只是一种前卫性的试验,绝不能替代对实用的设计与研究。反过来说,如果没有了创意,时尚安能存在? 作为时尚产品的品牌服装何来风格?不同定位的品牌有着自己的生存背景,对产品的创意与实用也有着不同的理解。应该说,国际权威流行预测机构每年定期发布的服装流行预测报告具有非常大的市场价值,但是,对于我国服装市场而言,有些信息显得过于创意或过于概念,出现了遭遇水土不服而难以推广的窘况。

当服装处在一个品牌化发展时期,创意与实用的平衡依据是品牌定位的诉求,即想在消费者心目中留下怎样一种品牌形象。因此,在理解了创意与实用的意义之后,品牌才能从中找到符合自身定位的平衡点。

(二) 品牌定位与需求的合拍

品牌定位与市场需求的步调一致始终是一个品牌走向成功的必要条件。任何设计都源于特定的市场需求,现代服装产品设计的根本原则是以市场需求为目标。在产品设计开发之初,必须经过详细周全的目标市场需求调研与分析,并在此基础上制定相应的设计方案。任何一种商业行为,首先要知道市场在哪里,才能采取相应的行动。没有一个投资者会认为自己是在不知道市场在哪里的情况下就进行投资的,问题在于这个投资者心目中的市场与实际存在的市场之间有多大的距离。如果只是模模糊糊地知道市场的存在,那么,与其冒着投资失败的危险,还不如趁早将资金转作他用更好。这既是对委托方提出的要求,也是对承揽方给出的规定。

对市场需求的了解就是在对目标消费群体的收入水平、文化程度、职业状态、社会地位、消费心理、衣着需求、生活方式和审美倾向等方面情况掌握的基础上,对即将推出的产品展开细致的描述,确定产品的设计方向。具体来说,其中包括三个方面:一是对市场现状的摸底,包括对该类服装市场规模、分销模式、产品性能、风格、价位等状况的总盘点。弄清主要竞争对手的基本情况及其主要市场分布和优劣势分析,看到所开发服装新产品的潜在市场和可能的增长点。

二是对产品类型的描述,根据市场调查的结果和本品牌的现状与优势,确定将要开发成为某种新产品的类型,产品风格和该产品开发的系列。三是对产品档次的描述,在确定了产品类型的基础上,确定该产品的档次和风格,确定是单一档次还是多档次多价位系列产品并存,是单一风格还是多种风格并存等。

(三)经营目标与方法的可行

目标是经营者根据对未来状况的判断而制定的假设经营结果。目标本身有一个是否合理的问题,也即该目标是否可以在实际运行中得以如愿实现。目标又可称为战略,它可以体现目标制定者的智慧和能力。方法是目标的执行者为了实现目标而采取的手段。方法本身有一个是否科学的问题,也就是该方法是否可以使得目标的实现过程更为快速有效。方法又可称为战术,它能够展示方案执行者的经验与效率。

任何目标都需要配合一定的方法去实现,否则目标永远是一句空洞的口号。设计工作看似围绕着品牌诉求进行,实质上是围绕着经营目标进行的,因为品牌诉求的提出也是围绕着经营目标进行的。判断一种设计方法的优劣是察看其成本是否更可控、时间是否更节约、团队是否更和谐、执行是否更方便、结果是否更准确。

从设计层面看,设计也有目标,它是企业经营总目标之下的部门工作分目标,表现为在规定的时间和成本内完成规定数量和质量的设计方案,同样需要配合恰当的方法去完成。如果方法使用不当,不仅费时费力,而且设计工作的结果很可能会偏离目标。有些版式漂亮、内容新潮的设计方案看似十分完美,往往不能一眼看穿其是否可行,需要通过经验丰富的企业高层进行严密的考证。尽管如此,作为设计团队来说,应该要求自己竭力做到对设计结果的尽心负责,认真推敲各个细微之处,保证设计结果的切实可行。

二、设计导向

与一个型号能够连续卖上好几年的电视机、电冰箱、汽车等耐用工业产品相比,服装可谓是更替频率最高的产品之一了,那是因为服装不仅是快速消费品,还沾上了"时尚"二字,决定了服装必须时刻翻新,于是,服装企业的设计工作量变得很大,在服装企业工作的设计师也是整个设计行业最辛苦的设计师之一。品牌服装需要经常更新面貌示人,设计数量比一般服装更大,设计的系统性也更强,因此,设计工作需要好的设计理论指导,改善设计工作环境和提高设计工作效率。大型服装品牌的服装设计开发一般采用以下几种设计形式(表4-1):

(一)以调研结果为主导

通过详细周密的调研,并对调研获得相关数据进行分析整理,将其结论作为后阶段新款式开发的依据。对于大多数品牌服装企业的常规设计项目而言,这种设计形式是最常用的,设计师会在产品上市前半年到一年的时间开始新一季产品的开发。由于产品在设计与上市之间的时间上存在差异,这对设计师如何合理且准确地预测半年或一年以后市场的流行趋势与客户需求提出了很高的要求。因此,在设计之前,设计师应尽量采用各种科学、可行的调研手段获取一切对产品设计有益的信息。这些信息按其来源可以分为企业外部信息和企业内部信息。

设计师可以获得的企业外部信息主要是关于流行趋势的信息,包括:通过参观国际性时装秀、展览会、研讨会以及贸易博览会来获取的设计开发信息;通过分析评估一些著名的、代表性的设计师的最新发布获取的产品设计开发信息;收集时尚杂志、期刊、图书,以及国际上一些著名的代表性的流行趋势服务机构提供的信息(图4-1)。

图4-1　设计师可以通过各种渠道得到关于流行趋势的信息

　　设计师可以获得的内部信息主要为企业以往销售统计等数据的分析,来推测新一季产品销售趋势。另外,通过观察消费者的生活习惯,设计师能够更好地把握产品的设计定位。由此可见,无论是从外部还是内部,设计前期的调研活动对于设计师准确把握新一季产品、降低设计风险而言,都是十分必要的。

(二)以品牌风格为主导

　　当企业尝试推出全新风格的品牌时,设计师可以以品牌风格为主导,完成产品设计任务。这种形式的好处在于设计思维不会受到先前进行的调研的影响,使自己的思维在"真空"状态之下,有更多自由想象的空间。当然,为了避免"闭门造车"之嫌,设计师必须在完成或即将完成设计任务之前,及时对市场信息进行调研。通过与业内专业时装设计师、生产行业专家、目标消费者沟通来获得与产品开发相关的各个不同层次的信息,以此了解和检验自己的工作结果是否正确、市场是否接受,以此作为随后进行的方案调整工作的依据。

后期调研与前期调研的目的有所不同,设计后调研的目标性更加明确,知道究竟需要调研什么内容,主要是将新设计的产品与市场现有产品进行比对,获得市场对新设计产品的某种"印证"。说得确切一点,这种验证是为了让设计师的内心更踏实。当然,由于新产品还没有上市销售,此时的验证主要是基于主观意愿上的,并不能代表产品真正上市后的实际销售情况。

(三)以两者结合为主导

以调研结果为主导和以品牌风格为主导的两种设计导向放在几乎相同的时间段展开,做到设计与调研相互穿插,齐头并进,就是两者结合的设计导向。从工作上的行为模式来看,这种设计导向的实质是一种并行模式,与上述两者的串行模式有很大区别,其优点是调整及时、反应灵敏,但工作强度大、需要设计团队具备良好的"快速反应"能力和一定数量的团队成员配合。在实际操作中,经常会有这样的情况:设计师根据获得的一些流行预测以及市场分析,预计新一季的流行为复古怀旧风格,但是到了实际销售季节,却有可能是运动风格成为流行的主要倾向。在这种情况下需要设计师能够迅速根据当时的市场动向及时同步地完成新产品的设计与推出。有时,完成设计业务的时间十分紧迫,两者并进成为这种应急式设计项目的主要特征,两者同时进行是不得已而为之的非常之举。

激烈的市场竞争正逐步改变着服装企业传统的设计开发模式。设计师通过经常性的街头观察、拍照,跟踪时下各类时尚生活、艺术活动等方式,能够掌握最新的时尚信息。多品种、小批量的设计生产方式更是对设计师如何安排产品设计周期提出了新的要求。由于受到流行预测偏差、面辅料供应链连接及供应周期,以及企业自身降低库存风险等多种因素的影响,如今许多企业在产品整体结构中会预留一定的比例,在后期产品上市过程中,根据市场销售、流行变化等实际情况,出现"边设计边销售"的设计开发与产品生产同步现象。

表 4-1　三种设计导向的优缺点与适用对象比较

设计导向	优　点	缺　点	适用对象
以调研结果为主导	了解当前服装市场动向;有助于找到参照目标;对未来市场针对性强	思维易受当前服装的影响;不利于进行原创设计	未形成自有风格的新兴品牌、不坚持自有风格的批发服装等
以品牌风格为主导	便于坚持品牌的既有风格;有利于推出原创设计;工作进度相对较快	易于错失流行趋势;调整设计时比较被动	自有风格已经成形的成熟品牌、突出自有风格的设计师品牌等
以两者结合为主导	有利于原有风格和流行趋势同步调整;便于滚动推出新产品	工作进度相对较慢;工作阶段不十分清晰	上货周期短的快销品牌、批零兼营的大众化品牌等

三、设计方法

在掌握了设计要点和设计导向之后,应该采用正确的设计方法,快速有效地完成设计任务。由于设计业务前期的准备工作需要花费大量时间,特别是由于初次合作或汇报沟通等将会占用不少时间而影响工作效率等缘故,真正留给产品设计的时间往往捉襟见肘,因此,正确的设计方法显得更为重要。

由于一般的服装设计方法在"男装设计""女装设计"等课程里已经讲授,本章不再赘述。这里的设计方法是针对设计思维而进行的宏观设计指导。

(一)模拟设计法

模拟是指对原有事物的某些形状进行延伸仿制与延续,它是按照自己的需要和目的,在对原有事物的全部或部分形式与内容的认可之下,做出的追随行为。模拟现象可以在很广的范围内出现,表示出对模拟对象的尊重和赞赏。与模拟相近的词是抄袭,但是与后者相比,前者在模仿的同时,还含有改进、变革之意,不一定是全盘照抄,后者几乎就是对原型事物的拷贝,不需要做出什么改进。

模拟设计是指在原有事物的基础上,进行有选择地保留和模仿,不断深化其优点的设计方法。在正确认识模拟设计时,要注意它有如下几个"是"与"不是"的特征:一、它是对原有事物的连续性延伸,不是刻意创造一个新事物;二、它是对原有事物与价值做出的自我见解,不是简单的篡改;三、它是对当前存在的认可与支持,不是对先锋理念的追随与崇拜;四、它是具有兼容性的再现,不是具有独创性的排他;五、它是对既定状态的完善与提升,不是对原有事物的复制与拷贝;六、它是强调现有设计中的成功要素,不是注重未来产品中的冒险主义。

模拟设计的优点是显而易见的,由于前面有可以模仿的成功对象,企业在产品开发方面可以达到投入成本少、见效速度快、成功概率高等目的,但是,模拟设计的缺点与其优点一样明显,比如同质化现象严重、缺乏创新设计、难逃价格战漩涡等等,而且,虽然这种做法促成了部分企业获得了短期利益,但是,如果此风无止境地蔓延的话,对于我国服装行业走品牌创新之路和提升良好的行业形象极为不利,甚至留有很大的隐患。关于这一点,法国、意大利、美国等时尚业先进国家已经开始对我国服装行业进行流行信息封锁,在它们举办的著名面料展或成衣展上,对来自中国的参观者加以限制甚至禁止进入展位参观就是很好的证明。

(二)创新设计法

创新是模仿与抄袭的反义词,尽管创新是传统的挑战者,但是创新的目标却是成为新潮流的原型,具有制造新的传统和集体共识的社会价值。创新也是一种意识,它的应用范围非常广泛,在人类三大科学里面都有建树。在自然科学里面,创新被解读为自主知识产权,表现为科学创造、专利发明、技术进步等;在社会科学里面,创新被解读为学术发现、独到观点、创新理论等;在人文科学里面,原创被解读为首创风格、独特设计、个性作品等。

创新设计是指在对既定参照物持有怀疑与否定的态势下,挖掘某种被忽视的因素并提供新的可能性的设计方法。如何认识创新设计呢?创新设计也有如下几个"是"与"不是"的特征:一、它是具有非连续性特点的蜕变,不是连续性上升的模仿与抄袭;二、它是对既定秩序与价值的否定,不是对已有存在的另类注解;三、它是合理地提出自己的可行观点,不是执着于夸张的先锋理念;四、它是具有创造意义的唯我性表现,不是具有排他性的独断专行;五、它是具有市场风险的探索行为,不是对既定状态的完善与提升;六、它是强调形式配合内容的创造,不是注重表面的形式突围。

就时尚产业而言,没有创新设计就意味着没有真正的品牌,没有发布流行预测的话语权,没有因为创新而带来的丰厚利润。在我国被誉为"世界服装加工厂"这一喜忧掺半头衔的服装行业,很多企业老总面对自己整日辛苦加班却只能拿服装产业链十分之一甚至更少利润的窘况,已经清醒地意识到缺少创新设计带来的危害，对于创新设计的呼声日益高涨，认为只有开拓创新设计，才能真正树立自己的品牌。因此，创新设计被这些企业所重视，在产品开发中，加大了自主创新设计的比重。

（三）直觉设计法

直觉设计法建立于个人或群体概念创意产生的基础上，采用跳跃式的思考方法，目的在于从思维上突破常规限制条件，重新构建新产品各个要素之间的关系。由于突破了常规的限制与障碍，由此得到的产品构想都具有强烈的创造性、新颖性特征。它不完全依赖事物内部的逻辑关系，凭设计师的直观感受，具有更大的想象空间。

直觉设计法的典型形式是设计师在不经意间突然发现研究事物的起点，找到解决问题的途径，或是"得到"某个环节或过程的部分答案，这种突然性正是体现了"直觉"的特点，也就是我们平时经常说到的"灵感"。这些起点、途径或答案有时是模糊的、不确定的，因为它们毕竟还没有成为现实，但是，它们指出了解决问题的方向，找到了获取结果的入口，能够起到振奋人心的作用。在设计实践活动中，人们很难区别创意与灵感的不同，这两者都属于思维领域事物，一个好的创意就是一个好的灵感，它们的出现方式基本上如出一辙，都可以以直觉的方式产生，而且，灵感似乎更具天马行空的表征，因而更依赖于直觉产生，过于理性的思维往往不是产生灵感的最佳土壤。在具体的设计实践中，经常使用的直觉式创意法主要有头脑风暴法和草图研讨法两个细分方法。

头脑风暴法也称脑力激荡法，它强调集体思考的方法，着重互相激发思考，允许和鼓励思维的激烈碰撞，得到相比个人的冥思苦想而言更为多样和更为深刻的思维结果，其理想结果是罗列出所有可能的解决方案。草图研讨法是指针对以产品设计草图为主要媒介而产生的设计概念，从限定的几个关键方面进行讨论的方法。与头脑风暴法相比，它研究的内容比较清晰，仅限于专业人员讨论，因而也就更为高效。

（四）逻辑设计法

逻辑设计法是要求通过系统的、逻辑的过程进行缜密的思考和推理，逐步探求产品解决方案。这种方法强调在总体目标的指导下，将技术资料分析与专家意见相结合，解决新产品开发问题。与强调灵感的直觉设计法有很大不同的是，逻辑设计法认为，虽然技术解决方案在设计的初始阶段并未明确显现，但是通过一系列特殊而又具有延续性的途径，必然能够得到最优化的解决方案。运用此类方法时，设计师与设计开发人员需要对品牌服装新产品相关资料进行周密细致的分析、选取与拓展工作[①]。与看似"不负责任"或"奇思怪异"的直觉设计法相比，逻辑设计法讲求因果关系和前后程序，具有稳健、经济、可行、实效的特点。

设计是艺术与科学结合的产物，设计中含有科学思维的成分。在科学思维中，特点最为显著的逻辑思维是从事物发展的客观规律中概括出来的，也是具体的科学方法的进一步总结，因此，从这个意义上讲，逻辑就是科学研究的一般方法论，用于带有一定的科学意味的产品设计，成为了逻辑设计法。当设计研究的对象深入到系统、深层和交叉的领域以后，源于观察的直觉设计法越来越失去直观性和准确性，原先的直觉离科学也越来越远。此时，设计创意需要抽象

---

① Kevin N. Otto, Kristin L. Wood, Product Design Techniques in Reverse Engineering and New Product Development[M]. 齐春萍, 译. 北京:电子工业出版社

化、数学化的科学方法的辅佐,于是,逻辑设计法有了用武之地。

一般认为,逻辑推理是人的基本能力之一,也是创新思维的基础,逻辑推理能力越强,预示着由实践经验得出理论并且概括为规律的思辨能力越强,也预示着创新思维的基础越扎实。打一个形象的比方,两者的关系如同一棵盆栽的花卉,逻辑推理是花的根系,即使盆栽的泥土不够多,其强壮的根系照样可以吸收和维持花卉生长所需要的养料,创新思维是花茎上的叶,不断新生的叶片为花蕾的萌芽提供了可能的保证,而对创意思维执行的结果则是供人观赏的花朵。

四、设计结果

设计结果也就是设计工作终结时得到的结论,它一般是指记载了设计构思的设计图稿,也可以包括围绕这些图稿而出现的辅助性文件。

(一)设计结果的表达

设计结果必须正确表达,才能加快这些结果在设计团队之间的沟通,方便其他部门完成产品开发的后续工作。一个好的设计结果必须用适当的方式表达出来,否则将会大大削弱设计工作的成绩,这是服装设计师必须掌握的最基本的专业技能。

1. 全面完整

为了使负责后续工作环节的人员更加准确地理解设计意图,设计师应该尽可能把所有可以解释设计意图的内容,以一种比较美观的方式,全面地表达出来,其中包括正反面款式图、内里结构图、色系、面料、辅料、文字说明、成品尺寸,甚至穿着搭配示意图等(图4-2)。设计师一般对画款式感兴趣,对表达其他内容往往会觉得比较繁琐,会草草了事地应付,或者干脆遗漏这些内容。这将不利于他人准确地理解设计意图,也有碍于日后的正常沟通,容易频繁地出现重复沟通等现象,从而降低工作效率,甚至引起其他部门的不满。

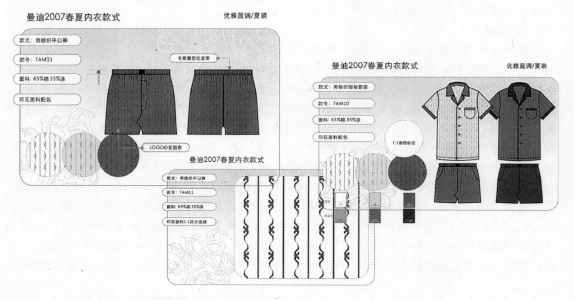

图4-2　设计师准确地将其设计意图表达出来是设计师必备的素质

2. 清晰无误

设计结果必须采用清晰、准确的方式表达，尤其是牵涉到服装的局部装饰和制作工艺等细节内容，更应该非常耐心地仔细描绘。无论哪项内容的表达，首先要求准确，其次才是美观。由于设计结果的去向不同，也就是审核设计结果的人员不同，它们的表达方式也不完全一致。比如，就款式而言，在自己就职的服装企业里面，为了加快工作效率，一般不需要采用费时费力的完整服装效果图来表现设计构思，只要画出清晰的款式图即可。如果设计结果是用于非服装企业招投标时，如航空公司的制服招投标等，为了让对方看清设计效果，表达设计结果时应该采用画面清晰的全身着装彩色效果图。

3. 数据准确

设计表达中会牵涉到一些必须描述的数据或信息，如产品尺寸、纽扣大小、印花部位、面料信息等，这些数据或信息绝对不能出错，否则将必然会引起后续工作环节的误解，为不同部门之间的工作对接留下隐患。为此，设计师应该在设计结果交付给后续工作环节之前，对这些内容的数据进行仔细的核对、比照，必要时，可以通过实物模拟等方法，以具有相同物理数据的物品替代实物，在取得满意效果后，测得实际数据，做出最后的结论。这种工作一般不是擅长创意的设计师所喜欢的工作，但是为了设计工作的无缝对接，设计师必须习惯这类相对比较枯燥的工作。

4. 形式完美

服装设计是一种创造美的专业工作，设计结果表达形式的完美，可以从一定程度上体现出设计质量和专业水准，因此，在准确表达的前提下，设计师还应该注意表达形式的完美（图4-3）。对于某项完全相同的设计结果，如果采用多种不同的表达形式，形成多个不同的版本，可能会影响到他人对设计结果的最终评价，甚至关系到设计结果能否被录用。比如，一张设计草图交给两个设计师分别画成正稿时，或者分别采用动态效果和静态效果表达时，表达能力的高低决定了表达结果的好坏。所以，表达形式是否完美，将有可能涉及设计结果是否会被最终采纳。

图4-3　设计结果表达形式的完美，一定程度上体现出设计质量和专业水准

（二）设计表达的内容

这一期间的设计结果一般以设计方案的形式呈现，其内容可简可繁，既可以按照委托方的要求而决定，委托方可能会事先在合同中写明递交的设计方案中包括哪些内容；也可以根据设计方案的最终接受者而选择，如果是用于投标的设计方案，则应该尽可能详尽一些。一般来说，

一个完整的设计方案包括以下几个板块的内容,它可以用传统的纸面形式表达,也可以虚拟的数字形式出现。

1. 摘要

　　摘要又叫设计说明,是设计方案的浓缩版,要求用比较简短的篇幅,说明设计方案的概貌,比如,设计要求、灵感来源、设计过程、设计主题等等。与策划书不同的是,为了使对方有一个直观的感受,设计方案可以用图文并茂的形式,突出需要重点说明的内容。

2. 主题板

　　主题板又叫故事板,是表达设计灵感或产品系列的开端,一般分为若干个名称各异的分主题,或叫系列名(图4-4)。与摘要不同的是,主题板的表达更加强调专业性,通常采用精心编排的图文形式,文字更为干练,主要是以图片代言,通过恰当的图片,让对方留下深刻的印象,并对即将展开的设计方案核心内容怀有期盼。

图4-4　主题板是表达设计灵感或产品系列的开端,完美的图文形式会给对方留下深刻的印象

3. 画稿

　　画稿又叫设计稿、设计图纸、款式图,是用图形方式表现具体款式的图纸,这是设计方案的核心部分(图4-5)。画稿的基本要求是准确、清晰,用于制服或大型活动投标时,一般要求采用着装模特的效果图形式表达,用于服装企业内部的画稿则简单得多,通常采用单线平涂的形式表达即可,此时也叫平面图或平面款式图,但通常要配备背面款式图。

4. 附图

　　附图又叫细节图,是表达款式细部的局部放大图。在幅面有限的设计稿上,要非常清晰地准确表达任何一个部位的细节是非常困难的,比如,中式盘扣的式样、单独纹样的细部、辑线的方向和密度等等,此时,可以配合一些附图,将局部放大,突出重点,便于打板和制作样衣时有据可依(图4-6)。

图4-5　服装企业内部多采用平面款式图，要求在结构表达上简洁、准确

动感海派波纹女吊带衫

魅力海派印花女短袖衫

魅力海派印花男无袖衫

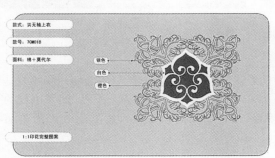

魅力海派烫钻女吊带衫

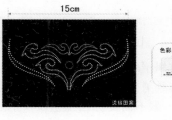

图4-6　在幅面有限的设计稿上难以表达的细节，需附细节图加以诠释

5. 样料

样料又叫面料小样,是用面料实物黏贴于画稿一侧的形式,表达款式的备选面料。如果备选的面料较多,则可以将编号后的面料小样单独制成面料卡,便于对照款式图察看。必要时,还应该在面料一侧注明成分、性能、单价、门幅、货期等信息。有些表面或特殊的辅料也会被制成辅料卡,如花边、纽扣等。

6. 色卡

色卡又叫配色、色系,是款式将要采用的颜色(图4-7)。由于绘画、打印等原因,彩色效果图一般只能表达款式的大概色彩倾向,难以准确表达真实色彩,特别是遇到一款多色时,更是需要用色卡表示各款所采用的颜色。配色既可以将色卡黏贴于画稿一侧,也可以制成独立的配色板。尽管有时面料可以代替色卡,但是单独印花还是需要用色卡表达。

曼迪2007春夏产品色彩

男式主要色

女式主要色

男式辅助色

女式辅助色

图4-7　配色板清晰地表达出当季设计的主要色和辅助色,以及颜色的配比情况

7. 工艺

工艺又叫工序,是用文字表达服装加工中的要点,只有在极少情况下,才会使用实物表达工艺特色。有些工艺是难以用图形表达清楚的,必须用文字写明加工步骤。不过,如果审稿的一方是外行,一般不需要标注工艺以及下述的规格,这样反而可以使设计稿看上去更为整洁和简练。

8. 规格

规格又叫尺码、尺寸,是用数字表达成品或样品的实际尺寸。规格一般紧贴平面款式图标注,这样显得更加明了,便于设计样板时对照。规格也可以在效果图一侧列表表示,这种做法更适合成衣生产的特点。通常的规格标注单位是厘米,或称公分。

9. 编号

编号又叫序号、系列号,是用数字和字母表示款式的前后顺序或系列关系。用来区别款式的一串数字中可以包含很多信息,比如,年份、季节、系列、色号、面料等等。有序的编号也便于设计管理,通常可以用巧妙的规则进行编号。不过,设计稿中的编号往往只是流水号,或称样品号,并不是最后的商品编号。

10. 附件

附件又叫附录,是承载了无法插入上述板块的附属要件,比如企业信息、联系方式、证明文件、操作流程、设备清单、专业术语、参考文献、合作单位等等。在大型设计项目中,附件是十分重要的文书,可以辅助说明设计方案中难以表达的问题,也能充分体现设计团队的后台实力。

以上这些板块并非每个设计方案都要包括的,普通的设计方案只要挑选其中几个板块的内容即可。有时,一些板块可以合并在一个板块内表达,比如,在画稿板块中就可以加入规格、编号、配色、样料等内容。

(三) 设计表达的形式

在确定了设计表达的内容以后,可以选择究竟用几个板块将设计结果表达出来。一旦确定了表达的板块,就应该运用正确的形式,把这些板块完美地展现出来。常见的设计表达形式一般有以下几种:

1. 散页形式

散页形式又叫单页形式,是把设计方案,特别是画稿部分做成零散的单页,供对方比较对照。散页的优点是集散方便,适合平铺和排列,可以在一个平面上展现设计方案的全貌,进行反复比较。缺点是容易散落、折损或丢失,因此,散页的外面经常会做一个能起到保护作用的漂亮外壳,将散页收纳其中。

2. 画册形式

画册形式又叫图集形式,是将设计方案的全部内容打印后装订成册,可供对方随时随地翻阅。画册的优点是整齐、美观、精致,厚薄皆宜,且不易折损。缺点是成本稍高、耗时较长,而且不能把众多款式同时平铺在一个平面上作比较用,使评判者难以更加直观地对设计方案做出快速而整体的评价。

3. 幻灯形式

幻灯形式又叫投影形式,就是利用制作幻灯的软件(PowerPoint,简称 PPT),将内容制作成连续播放的幻灯,一般供现场汇报和沟通设计方案时作投影使用(图4-8)。为了丰富汇报的效果,可以采用超链接手段,在必要的地方加入声频、视频、动画等形式。其优点是生动、灵活,能够配合解说。

4. 实物形式

实物形式又叫样品形式,是将设计方案中的内容直接做成实物样品,供对方选样时用。实物的优点是直观、真实,可以直接看到设计方案的现实状态。缺点是成本高、速度慢,完成设计工作的周期长。一般来说,初步设计方案极少使用这种表达形式,尽管效果更为直接,但是一旦该方案被否决,势必影响后续方案的完成时间。

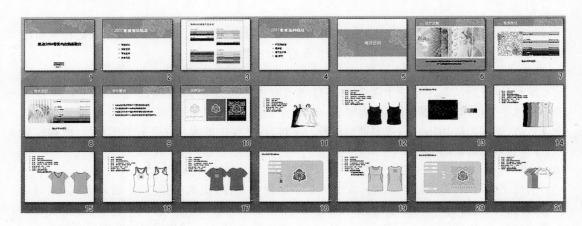

图4-8　生动灵活的幻灯形式成为正式汇报的主要形式

第二节　服装设计业务的技术沟通

设计活动是一个由多人多部门参与的多目的工作过程。服装设计业务说简单也简单，它就是一个从概念到产品的过程，最简单的理解是把处于设计师头脑中的设计构思转变为三维形态的实物（样品）。说复杂的话，服装设计业务又是一个极其复杂的工作过程，特别是对于在品牌理念和模式下的服装设计来说，它要求设计师将品牌诉求转变为设计概念，在统一的市场企划和形象系统之下，收集和利用多种资源，依靠多部门之间的配合，完成产品设计开发工作。换句话说，品牌服装与普通服装在设计上的最大区别就是设计的系统性强。这就要求在设计管理中加强技术沟通，保证整个系统的关系平衡和步调一致。

一、沟通原则

技术沟通是指停留在专业层面的技术交流，它不包括一般社交中的客套寒暄成分，其目的是为了统一各方的思想认识，解决合作过程中可能出现的矛盾。技术沟通其实也是谈判的一种，只不过由于它发生在已经进行业务合作的各方之间，在形式和内容上与主要是对外的业务谈判有着较大的差异。在这种为了解决专业问题而进行的沟通中，为了保证沟通过程的流畅性和沟通结果的有效性，沟通各方均应该注意以下几个沟通原则：

（一）坦诚性

商业合作，以诚为本，坦诚是保证沟通效率的前提条件。有些服装设计业务耗时长、环节多，往往有不少对方一时难以察觉的操作过程或工作结果。与其等对方日后发现，不如在沟通中主动提出，避免两者因语境的不同而可能会得到的完全不同的结论。无论满意与否，双方在技术沟通中的坦诚相见是取得对方的赞赏或谅解、得到应有沟通结果的唯一办法，报喜不报忧或蒙混过关式的沟通方式往往会为后续合作留下隐患。如要达到上述目的，必须本着坦诚的态度，如实陈述、汇报和解释，主动揭示可能存在的问题，使双方对业务的目标与现状的理解保持一致,克服双方在合作过程中貌合神离或相互猜忌的弊端。

(二)适时性

技术沟通具有尊重客观事实的特征,其首要目的是为了保证设计业务的顺利完成,适时沟通是实现这一目的的有效手段。所谓适时沟通,就是选择恰当的沟通时机。无论沟通事由的好坏,即使是遇到危机性事由,一般都应该在弄清事实真相之际,及时告知对方,听取对方提出解决这些问题的建议和意见,防止出现更为不良的后果。其原因还在于服装设计业务往往具有很强的时效性,沟通不及时将可能错失解决问题的良机。这种做法本身即体现出良好的合作精神,保证设计业务更健康更有效地进行。

(三)协调性

有沟通,就意味着有让步与妥协,这是沟通的本质。品牌运作的效应是依靠整体协调实现的,技术沟通必须在品牌运作的总体目标指导下,局部利益服从整体利益,并将自己做出的让步和妥协融入到具体的设计实务中去。也就是以非常职业化的态度,要求技术沟通与业务目的的整体思路相协调,重视委托方与承揽方的衔接与配合,排除来自于外部或内部的干扰因素,真诚地对待和理解对方的利益,在换位思考之后,体会对方的感受与需要,做出积极而合适的回应。

二、沟通要点

沟通的目的是激励或影响他人的行为,协调设计资源,使设计师的思想和才能得到最有效的发挥,使委托方对自己的意图和能力按照预定的意愿了解,从而产生项目内容与执行结果相一致的最优秀的设计方案。因此,技术沟通是设计工作的一个重要组成部分。在进行技术沟通的过程中,注意三个要点:

(一)使用专业术语

设计沟通因为其对设计管理活动的重要影响而具备了最重要的协调职能,它是维系各类设计参与人员的纽带,也是确保服装设计工作取得成功的必要措施及衡量服装设计管理工作优劣的一杆标尺[①]。既然是技术沟通,就应该使用专业语言和特定形式,就服装设计过程中存在的问题交换意见。这种做法可以获得对方的尊重,也有利于技术的提高,变得更加职业。如果在技术沟通中经常使用过于通俗的语言或过于随意的举止,就可能使对方对己方的专业能力产生怀疑。当然,如果对方是十足的外行,则应该适当降低专业门槛,免得对方因为不能理解而产生沟通障碍。

(二)通过数据说话

数据是通过观察和统计得来的关于事实的描述,用来理性地反映客观事实。用数据沟通在形式上比较朴素、精准、简练、直白,对于某些只能或必须利用数据进行沟通的内容,应该尽可能提供这些方面真实可靠的数据,特别是那些不能或者不需要用图像表示的内容,如市场销售统计、客户反馈意见等,更需要依靠翔实的数据来表示,让参与沟通的人员在判断上有某种明确的参考标准,便于各方达到理解上的一致。

(三)借助技术手段

技术手段是任何一种技术工作必不可少的工具,技术手段的优劣可以直接反映技术水平的高低。当前,服装品牌运作的水平已经今非昔比,各种先进技术手段层出不穷,服装品牌的竞争

① 刘国余.设计管理第二版[M].上海:上海交通大学出版社,2007

由此而进入了一个更为先进的竞争层面。在进行技术沟通时,设计团队也应该借助现有的技术手段,如通过多媒体技术与实物展示结合,达到虚实相间的沟通效果,使委托方能够得到更为丰满而整体的印象。技术沟通的技术手段具体表现为运用现代化展示工具,将图片或影像资料插入其中,做成精美的演示文件,有助于条理化地阐述通盘计划,形象化地展示设计方案。

随着数字技术的广泛应用,电脑、多媒体以及互联网技术已逐渐成为设计沟通中的常用媒体形式。设计团队利用现代化的沟通技术可改变沟通的场合、地理位置或环境;能缩短沟通时间,使两地或远距离的设计交流、传达、管理等活动变得更加顺畅。在公司总部与分部的远程沟通过程中,除用到视频会议、E-mail 等方式外,也可利用微信等网络软件的多方聊天功能等进行实时沟通,以确保团队成员之间的联系,知道设计进展以及其他成员遇到的困难等情况。

三、沟通方法

在设计团队内部,产品设计开发的组织工作多采用接力赛式的运作模式,把整个设计工作分解成一个个便于分清职责的工作环节,新产品设计将由这些不同功能的工作环节来共同完成。假如部门之间的有关参与人员不能进行有效的技术沟通,就无法实现统一的设计目标和要求。

(一)汇报型沟通法

汇报型沟通法是指以承揽方向委托方汇报为主的沟通方法。这种相对比较正式的沟通方法往往在设计项目有了一些比较成形的结果时使用,通常需要合作各方的重要人物同时参与,以便让委托方掌握项目进展情况,并对一些比较关键的技术问题当场质疑、讨论、拍板。在沟通开始时,首先是由承揽方负责人就业务进展情况进行全面陈述,随后由委托方相关人员进行提问,前者进行必要的解答。

(二)协商型沟通法

协商型沟通法是指合作各方以平等的心态进行友好磋商的沟通方法。这种沟通方法的前提条件是项目的执行过程或部分结果已经出现了问题,需要运用这一形式来及时解决,而不仅仅是为了了解项目的进展情况。因此,协商型沟通必须有各方负责人参与。一般来说,需要协商的问题还没有达到不可收拾的地步,出现失误的一方应该态度坦诚地提出问题,等待对方的反应。因此,这种沟通需要各方均非常注意维持脸面,不能使局面失去控制。

(三)谈判型沟通法

谈判型沟通法是指为了解决项目执行的结果出现重大矛盾而进行的沟通办法。这种沟通方法的前提是使用其他沟通方法已经失去了意义,必须采用比较强硬的手段和措词表达主张。尽管这种情况是各方均不愿意看到的,但是,由于立场和利益不同,合作各方均难以分清或不愿承担问题的责任,此类场面时有发生,即便如此,也应该以非常职业的做法,妥善而谨慎地化解矛盾。具体做法可参见第三章关于谈判的内容。

(四)决策型沟通法

决策型沟通法是指对项目执行的结果进行表态或考评的沟通方法。这种沟通方法的前提是项目已经全部或阶段性地进入收尾阶段,必须对此进行一个总结、评价、取舍或验收。决策型沟通最为正式,要求各方负责人均到场。此类沟通的发起者一般是委托方,承揽方往往处于比较被动的地位。为了使沟通过程顺利进行,承揽方必须在沟通前尽可能做好充分的准备,包括完美的设计方案、足够的支持材料、良好的精神状态等等。

四、沟通内容

技术沟通的内容是技术沟通的核心。尽管沟通的手段可以增加沟通的效果,沟通的方法可以把握沟通的进程,但是,沟通的内容却是委托方最为关心的关键所在。沟通的内容一般在设计业务合同中已有明确规定,在此不再赘述。从容量上来看,沟通的内容包括以下几种:

(一) 阶段性内容

阶段性内容是指根据事先商定的计划,当设计业务进行到某个阶段时必须进行展示和交流的部分结果。用于此类沟通的内容往往具有阶段性和非完整性的特点,一般只适合精通产品企划开发进程的专业人员参与,比如设计部门或企划部门等。为了保证设计业务的时间进度和总体质量,在专业人员或职能部门之间进行小范围的阶段性工作结果沟通是十分有必要的,但若频繁进行阶段性评审,则易造成工作连贯性的缺乏。

(二) 增补性内容

增补性内容是指用于突然出现于计划之外的、临时增加的单项交流内容。在大多数情况下,设计项目的执行过程中会遇到许多意外的新问题,需要通过临时沟通的办法,及时解决这些问题。这些问题中的内容就是增补性沟通内容,一般以某个具体的单项内容为主。这些内容通常也是未完成的,带有明显的片断性、草案性,特别是在设计思维的酝酿和发展阶段,这些内容往往表现得尤为活跃。

(三) 全案性内容

全案性内容是指包含在全部完成的设计方案中的内容。由于这些内容已经是设计业务的最终完成结果,也是在委托方面前最重要的亮相,一般都采取非常正式的沟通形式。由于进行全案讨论往往就是参与人员较广和讨论时间较长的决策型沟通,这些人员更容易对设计方案做最后一次的挑剔,因此,设计团务必十分重视用最恰当的方式表达这些内容,应该保证"不到自己满意,千万不往外拿"。因为,一个连自己也不能满意的结果,又怎能希望获得别人首肯呢?

五、沟通结果

为了使技术沟通后的工作有一个比较明确的方向,参与沟通的各方均会要求有一个结论。由于每次技术沟通所处的阶段及其内容的不同,其得到的结果也会不一样。结论一般由承揽方提出,由委托方认可,在遇到重大项目时,委托方会聘请第三方专业人士对沟通的内容做出结论。

(一) 沟通的几种结果

从经常遇到的实际操作情况来看,技术沟通的结果大致可以分为四种:

1. 肯定

肯定的结论是指委托方对设计工作得出的结果表示满意。这是令参加沟通的各方均感到皆大欢喜的结论,它不仅可以使承揽方不假思索地立刻进入后续业务环节,也可以成为鼓舞设计团队士气的动力。

2. 修改

修改的结论是指委托方对设计结果中不满意之处提出修改的要求。几乎所有设计方案都会被要求修改,有些修改甚至接近全盘推翻,有些则是小修小改。无论何种程度的修改,都要认真对待,直至对方满意为止。

3. 暂缓

暂缓的结论是指出于某种原因而暂时中止设计工作的继续进行。这种原因一般出自委托

方,比如原定计划撤销、应有资源乏力等等,但是委托方往往会以各种理由推脱自己的责任,甚至直接做出否定的结论。

4. 否定

否定的结论是指委托方对设计结果做出完全不满意的表态。这种情况容易在双方合作之前缺少必要的了解或者执行过程中缺少有效沟通的情况下发生。遇到这种情况,承揽方应该有理有节地坚持原则,据理力争。

(二)沟通结果的形式

技术沟通时最为忌讳的是沟而不通,议而不决,因为这种现象不仅不能解决实际问题,而且会增加业务执行过程的复杂性,甚至影响其后续工作计划的正常开展。对沟通结果采取何种形式,反映了委托方对沟通内容的重视程度。

1. 口头结论

口头结论是指委托方以语言形式对设计结果做出的表态。口头结论的基础是沟通各方彼此十分了解,大家都懂得"一诺千金"的真正含义。一般来说,口头结论比较适合非正式的、临时性的或口头型等不太重要的沟通场合,其优点是能够快速表达和传递意见,其缺点是因为缺少书面记录而不易日后对证。

2. 书面结论

书面结论是指委托方以文字形式对设计结果做出的表态。书面结论的前提是必须有比较充裕的时间进行业务的执行。书面结论比较正式,一般适合于谈判型或决策型等比较重要的沟通场合,其优点是证据确凿、记载清晰、便于反复阅读,其缺点是形成书面意见的过程比较缓慢,可能需要层层签字。

3. 当场结论

当场结论是指委托方在沟通现场做出的即时表态。当场结论的前提是沟通各方均有决策人物在场,有权对沟通结论当场拍板。为了节省时间和减少环节,达到对沟通结果做出快速反应的目的,在条件允许的情况下,某些意见应该当场确定,比如对文案的沟通意见可以当场通过电脑进行调整和修改,对样品的修改建议可以立刻用记号标示,或直接在样品上修剪。

4. 事后结论

事后结论是指委托方在沟通活动结束以后做出的表态。事后结论的前提是当场无法表态,委托方必须经过一定时间或一定层级的内部讨论以后才能得出。事后结论比较慎重,其优点是可以考虑充分,仔细推敲,其缺点是过程较长,可能会影响业务工作进程。这种结论也可以是口头的,但一般以书面方式传达。

第三节 服装设计业务的方案评审

设计方案的评审出现在设计工作即将结束之时,实际上也是全案型技术沟通。评审与沟通有两个不同的特点,一是评审必须要对评审的内容作出最终评价,而沟通则要明显轻缓得多;二是评审的参与者主要是双方高层领导,而沟通的参与者主要是专业技术人员。由于评审可能会受到太多因素的干扰,导致品牌服装新产品开发决策者无法在一时之间全面考虑到各种关系的平衡与取舍,因此,如果没有条例化、结构化评审方法的帮助,就很难保证设计评审的有效进行。

实际上,服装设计业务方案的评审是发生在大型设计项目中的,一些款式数量较少的设计业务不需要正规的评审活动,因此,以下内容均以此前提而展开。

一、评审原则

在任何设计评审中有两个重要的方面需要考虑,一个是评审活动所经历的过程,可以将其看成是一系列操作步骤。另一个是评审过程中所用的标准,或者说是评审原则,它会影响到评审结果的准确性。为了评审过程的有序和评审结果的准确,设计团队可以帮助服装企业建立一套设计方案评审制度。在实际评审中,应该注意以下几条原则:

(一)准确性

对设计方案的评审实际上是把评审者掌握的现有信息与设计方案中包含的信息进行对接,因此,以上两者的信息是否准确与全面,是正确评审设计方案的基础,信息失实或信息缺失都会引起评审的失误。为此,等待评审的设计方案应该尽可能提供准确而全面的信息,同时,参加评审的人员也应该全面掌握评审所需要的准确信息,使两者产生良好的呼应,从而保证设计方案得到公正的评审结果。

为了做到这一点,评审者应该对信息进行定性与定量的分析。以经验判断为主的定性分析与以计算工具为主的定量论证的结合,是科学评审的基本原则和基本思路。前者为被评审者指出了工作改进的方向,后者为被评审者提供了可以参照的具体依据。

(二)客观性

评审工作最忌讳的现象之一是评审者按照自己的个人好恶做出脱离客观实际的主观判断,产生这一现象的主要原因是评审者过分依赖自己的经验值。经验确实是一个人的财富,但是,经验也可能会成为一个人的羁绊,从而令其做出武断的,甚至错误的判断。因此,评审者必须十分了解每次评审活动的目的、标准和规则,真正理解设计方案的最终用途,不能仅从个人兴趣的角度出发。

解决这一问题的手段之一是要求评审者建立系统的概念。评审时要以设计的总体目标为核心,考虑各个环节的现实情况和改进的可能性,以满足系统优化为准则,强调系统配套、系统完整和系统平衡,从整个系统出发来权衡利弊与得失。

(三)民主性

设计方案的评审工作还应该建立在能够集思广益的民主性基础之上。由于领导的作用总是在实际工作中被极力夸大,特别是在非常强势的领导面前,人们总是习惯于将自己的意见依附于这些领导之下,造成"一言堂"的局面。事实上,个人智慧是有限的,群体智慧是无穷的,"三个臭皮匠,胜过诸葛亮"的例子在生活和工作中屡见不鲜,充分发挥在设计方案评审中的民主作用,可以有效弥补个人思维的不足。两者的有机结合,可以一定程度地保证评审结果的客观性、公正性和可行性。

当前我国大部分服装企业都没有规范的产品设计评审程序,绝大部分产品设计评审均处于企业主的高压状态,往往没有民主性可言,严重影响了评审结果的准确性。为此,在评审过程中,可以对企业主等具有绝对话语权的决策人物适当设限,减弱其对评审结果的影响力。

二、评审要点

只有使设计评审活动过程的本身具有条理性、规范性和合理性,才能获得预期的评审效果。为了达到这一目的,要求在上述评审活动中配合科学合理的评审工具,参与人员采取积极配合的心态,在规定的时间范围内完成评审工作。

(一)全面展示

全面展示要求采用多种工具、多种形式和足够空间,表述设计方案的全部内容。其中,汇报介绍以幻灯片等软件做成条理清晰、文字概括、图片精美、排版悦目的演示文稿,用投影仪配合口头阐述。在介绍实物产品时,最有效的方法是利用模特进行简单的动态展示,让参与者获得真实的视觉感受,通过对展示的产品进行全面观察及综合判断,评审人员可就产品的可销售性、款式、材质等问题集中开展讨论,集思广益,让决策者了解来自不同部门的针对产品的观点和看法,为评审人员最终的投票打下基础。

(二)单项评分

单项评分要求以表格工具对各项内容进行评分,并根据品牌诉求的特点,将评分内容的比重拉开,比如设计概念新颖性、产品卖点合理性、面料与款式结合度、工艺细节完成度、色彩图案流行度、产品成本合理性等等。评分表格的设计对评审结果非常关键。由于各部门分工与职责不同,对设计工作的熟悉程度和专业程度各不相同,因此,比较科学的评审表格应该据此分配权重,即重要部门或主要人员的评分比重可以适当增加,不能采取平均计分的方式。

(三)掌握时间

评审会议的时间不能太长,否则与会者容易产生视觉疲劳,影响新鲜感和判断力。整个评审会议的时间一般控制在 2 小时左右,其中,介绍环节 10 分钟左右,详述环节 30 分钟,质疑环节 60 分钟,评分环节 10 分钟,结果环节 10 分钟。如果内容实在太多而必须延长时间,应该事先对此有所估计,必要时,可以增加一个茶歇环节,事先在评审现场准备一些小食、饮料等,让评审人员活动一下身体,清醒一下头脑,或临时处理一些应急工作。这一做法非常有利于长时间会议的效果。

(四)复议结果

复议结果要求在评审结果中出现了得分偏差较为严重的现象时,应针对该类产品组织评审人员进行复议,以避免出现疏漏。在产品评审过程中,评审程序中的各环节是互相关联和互相影响的,各环节均存在着主、客观的侧重。产品评审程序是服装类物质产品的客观展示、评审结果客观统计与评审人员主观认知、讨论、评分相结合,难免出现评审结果与心理预期产生较大差异的现象。因此,在客观性环节中,因注重产品介绍、展示及统计等客观因素;在主观性环节中,应充分保障评审人员的主观性意见、判断得以充分的表达。

三、评审流程

评审活动集中了企业内部与新产品开发有关的主要部门及主要成员,必要时,可以聘请企业外部专家共同参与。评审活动一般以会议的方式,在比较宽松、明朗、和谐的气氛下进行。采用正确的评审流程,可以在一定程度上保证评审活动取得良好的结果。一般来说,服装企业在评审设计方案时,通常要经过以下几个主要环节:

(一)介绍环节

介绍环节要求由设计团队负责人对整个设计项目作一个概括性介绍,包括设计任务的概况、设计概念的由来、设计思路的特点、设计工作的日程、设计完成的情况、遇到的困难、是否达到预期效果等。

（二）详述环节

详述环节要求上述人员逐一介绍每一个设计概念的特点以及相关新产品或样品，要求重点突出新产品的卖点。如果遇到需要很多人合作完成的大型设计项目，设计团队负责人也许不能讲清楚项目的全部细节，则可以由分项目负责人一一详述。

（三）质疑环节

质疑环节要求各个部门有关人员对设计方案可能存在的问题或疑点提出疑问，由设计团队中负责相关内容的成员做出详细解答。值得注意的是，此时一定要采用比较职业化的交流语言，否则很容易使这一环节充满火药味。

（四）评分环节

评分环节要求由全体与会人员按照事先设定的评分方法，对每一个需要评分的内容予以评分。这一环节一般是在各方充分发表意见之后进行的，评分时最好不要相互交流或观望他人的评分，否则会影响自己的判断力。

（五）结论环节

结论环节要求由专人负责统计评分表，当场公布统计结果，并由评审者做总结性发言，表明对设计工作过程和取得结果的态度，指出需要努力的方向，下达要求各部门配合的指示。正式的评审结论应该有相关人员签字。

四、评审结果

保证设计质量才是设计工作的根本。在很多服装企业，往往无法对设计工作的质量有一个正确的评价，因为设计工作质量的好坏是以用户接收为前提的。以成衣服装为例，企业经常以销售量来评判设计质量，但这种"事后诸葛亮"式的评判毕竟是发生在事后的评判，对解决当前迫在眉睫的设计问题于事无补。

一般来说，对设计方案的评审结果只有三个，即：一次通过、部分修改、全盘推翻。

（一）一次通过

一次通过的设计方案可以立刻进入后续环节，比如面料采购环节、样衣制作环节、VI 实现环节等等。需要注意的是，此时应该将通过评审的意见经对方签字，以防日后出现推诿责任的现象。不过，在实际操作中，一次评审即全部通过的情况并不常见，一般总是多多少少地需要进行修改、补充。即使一次性全部通过以后，还是有一些辅助性技术文件或者遗漏的细节需要补充，设计团队应该尽可能快地完成这些工作。

（二）部分修改

部分修改是设计方案经常遇到的评审结果，对此，设计团队应该做好充分的思想准备。在评审现场做好评审人员对设计方案提出意见的记录，是设计团队必须做的基本工作之一，对一些如款式、色彩或尺寸等具体修改意见等关键内容，应该经过意见方的签字确认。在评审活动结束以后，还要将这些记录下来的意见整理成供设计团队内部参考的文件，修改过的设计方案需要再次进行评审并通过，才能正式进入后续环节。

（三）全盘推翻

全盘推翻的设计方案不可能进入后续环节。在实际操作中，真正被全盘推翻的设计方案非常少见。如若发生这种结果,其中必有重要原因,比如,因为事先沟通不充分而曲解对方意图、因为设计团队投入精力不足而影响设计结果等等。遇到这种情况一般很难逆转,只有真正找到问题的根源,取得对方的谅解,才能出现转机。

总之,设计方案的评审活动还要注意其本身的经济性、时效性和操作性。就经济性而言,企业要赚取最大的利润,除了增加收入之外,成本控制亦为其中的关键[①]。因此,经济性可以作为向参与评审人员宣布的考核指标,让评审结果的准确性与评审人员的收入挂钩,这样既可以加强评审人员对产品评审的慎重性,也可促进评审人员的积极性。就时效性而言,评审会议举行的数量及持续的时间应成为产品评审制度绩效考核的重要方面。每次评审会议都会投入企业中较多的人力和物力,过于频繁的评审会议必然在样品制作等环节产生过多的反复,拖延了产品研发的完成时间。就操作性而言,体现在各环节对产品评审制度执行的配合度。在企划说明、样品展示、发表意见、填写选票、统计结果、复议结果等各环节中,任何一个环节出现偏差都会影响到客观而正确的评审结果的产生。因此,根据各评审环节的特点,在评审过程中对各环节的操作性进行实时评审考核,能保证评审的效率。

本章小结

设计、沟通和评审是服装设计业务中期的主要工作内容,其目的是为了使设计方案的最终结果对样品制作等后续环节起到很好的指导作用。本章对发生在服装设计业务中期的产品设计、技术沟通和方案评审等核心环节进行了分析和归纳,介绍了针对这些环节的一般性原则、要点或方法。这三个主要环节所采用的不同方法和不同占比是由服装设计业务的大小决定的,不能完全机械地套用。但是,如果设计团队能够对任何一个承揽下来的设计业务进行尽可能规范的操作,就可以养成良好的职业习惯,有利于比较快速地提高自己的职业水平,并且可以有效减少工作中的矛盾。

思考与练习

1. 结合三类不同设计导向的特点与要求,探讨每种设计方法的表现面貌和操作要点。
2. 每个教学班组成若干个委托方和承揽方,针对一个品牌服装设计方案进行模拟性的技术沟通。
3. 当前有哪些先进工具可以增强设计方案评审工作的效率?

---

① 郎咸平. 模式—零售连锁业战略思维和发展模式[M].北京:东方出版社,2006.8:P25

服装设计业务的后期实务

　　不少服装设计业务内容仅到上一章所指的中期内容为止，不存在本章所说的后期内容。但是，有些委托方往往要求设计业务包含到样衣制作完成。这就使得服装设计业务在完成了先前的中期环节之后，将要进入其后期环节，主要包括样品制作、样品评审、方案增补、跟踪服务等四个部分。其中，工作量最大的部分通常是样品制作。

　　由于企业规模或部门分工的不同，服装设计业务后期环节将可能出现分叉，承担这一时期工作任务的部门或成员将发生一定的变化。以工作量最大的样品制作为例，一般来说，大型服装企业由于部门设置齐全，分工相对细化，这部分工作将由企业专门负责样品制作的技术部门完成，这个技术部门既可能划归生产部门管辖，也可能是与设计部门并立的技术部门。小型服装企业则由于人数较少、分工较粗等原因，往往将样板师和样衣工划归设计部门管辖，仍然由设计部门继续完成这部分工作。同样的情况也会出现在独立经营的服装设计机构内部，大型服装设计机构将继续承担这一时期的工作，有些小型服装设计机构则因无力胜任这些工作，一般将此任务交给委托方自己完成。因此，在业务谈判的开始，就应该明确指出本机构只负责到图稿为止，不能承担样品制作任务。

　　至于样品评审、方案增补和跟踪服务等三个部分的工作，设计部门介入的程度视企业的需要而定，既可以全部负责，也可以置之度外。不过，在一般情况下，企业仍然需要设计部门的参与，联合多部门合作完成这些工作。特别是方案增补工作，在大多数情况下，依然由原来的设计部门完成。尽管完成上述工作的主体可能会发生变化，但是，这些工作的基本内容还是不变的。

第一节 服装设计业务的样品制作

顾名思义,样品是能够代表批量产品品质的少量实物。由于成衣服装在投产前需要对设计图稿的实物效果进行评审,一般都要求把通过设计方案评审后的新款式一一做成样品。只有这些样品通过样品评审以后,才能投入批量化的成衣生产。例外的情况是一些难度不高的订制服装往往不做样品,而是直接用面料缝制成品,因此,服装行业的样品主要是指批量生产之前的试制品。习惯上,服装样品被称为样衣。

一、制作原则

由于材料、设备、工艺、经验等原因,样衣制作的实物结果往往与设计图稿的真正意图存在很大差异。为了使制作样衣的工作能够高效和规范,企业同样需要用比较严格的程式进行约束(图5-1)。

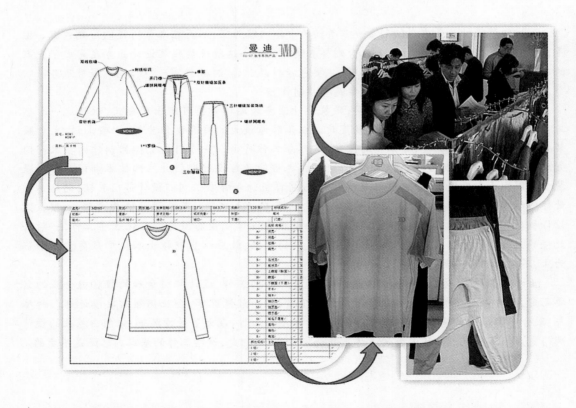

图5-1 由样衣生产部门根据设计图稿、工艺单等平面图稿进行打样,为样衣评审提供立体的参照物,同时也为成衣大批量生产提供直观的技术依据

（一）还原性

还原性是指样衣制作必须始终以忠实地再现设计图稿中的原始意图为工作目标。无论样衣最终是否会投入批量生产，制作工作必须尽一切可能，还原设计意图的本来面目，不能随心所欲地擅自修改或轻率地使用替代品。即使遇到不得不修改的情况，哪怕是一些细枝末节，也必须及时通知设计部门，在征得设计部门的同意以后，方能进行修改，并且要把修改情况及时地记录在有关技术文件上，便于日后查证。

（二）生产性

生产性是指样衣制作所采用的工艺必须考虑批量生产时的技术条件。由于样衣制作人员的技术水平普遍高于生产流水线上的缝制工，有些对于前者来说是轻而易举的制作技术，对后者而言可能是望尘莫及的，而有些生产流水线上的生产设备却又是样衣制作所没有的，这就有可能出现样衣制作与批量生产在技术上不能对接的情况。为了避免发生这类情况，从样衣制作工作初始，制作人员就必须考虑最后承接批量生产任务者的技术现状。

（三）标准性

标准性是指样衣制作应该统一在企业现有技术规范之下进行。这里有两层意思，一是由于样衣制作基本上属于手工操作，往往带有制作者的个人技术痕迹而不易成为大家必须遵守的规范性制作技术标准。二是样衣规格必须符合现有产品的标准规格，不能在制作时出现忽大忽小、忽松忽紧的随意而为。当然，这将对来往于不同部门之间的技术文件也提出了规范化的要求，作为设计部门，这是加强设计管理的具体内容之一。

二、制作方法

样衣制作是产品设计的后续工作，两者是企业内工作关系最为密切的部门之一，有些服装企业甚至将这两个部门合二为一，因此，设计师应该非常熟悉样衣制作工作，一来可以准确估算进度，二来便于真正做好设计。本节所指的制作方法是指制作样衣时的分工，不讨论具体的制作工艺。在服装企业内部，一般会配备一个样衣制作团队，其分工主要分为样板和缝制两大块。样衣制作任务繁重的大型服装企业也会为样衣制作设置一些辅助环节，包括辅料准备、面料性能测试、面料预缩处理等等。

（一）样板工作

样板制作俗称打板，是指将设计图稿上的款式转化为能够缝合的平面结构。由于样板工作的技术含量很高，并且带有一定的设计成分，因此，打板又叫样板设计或结构设计。样板设计通常在纸面上进行，所以，样板设计又叫纸样设计。样板工作也包括一些需要利用立体造型技术解决服装结构的问题，此时的样板工作称为立体裁剪。通过立体裁剪获得的立体结构，最终还是要归位到纸样上来，才能符合批量生产时对成叠面料裁剪的要求。

（二）缝制工作

缝制是服装生产工艺的总称，是指在服装辅料的配合下，利用服装加工机械和手工工具，将经过平面分解的衣片进行缝合、修剪、熨烫等工艺处理的过程。从设计角度上来说，缝制工作是再现服装设计构思的最后环节，对样衣的最后效果起着举足轻重的作用。服装行业历来就有"三分裁、七分做"的说法，它既可以在一定程度上弥补设计考虑上的不足或矛盾，也可以为制定批量生产工序提供一手数据。因此，掌握和熟悉服装缝制技术是做好一名真正的服装设计师的必备条件之一。

（三）检验工作

检验是在样衣制作过程中及完成后，按照设计图稿上标注的规格尺寸、工艺要点以及实际样板的大小、形状等要求，对照样衣上的相应部位，依据国家标准和企业标准，逐项进行严格的检查。检查的具体内容是款式的造型和意味、材料的种类和品质、工艺的程序和质量、尺寸的大小和配伍等等，借助必要的检验工具，观察其是否符合设计要求。如果发现问题，必须及时要求整改。因此，检验是保证样品质量的必要手段之一。

（四）存档工作

存档是在样衣检验完成后所作的技术文件处理和样品收尾工作。为了便于技术资料的保存，有关人员应该对样衣逐一拍照，输入电子文档储存起来，以备日后调用。另外，检验人员应该按照设计图稿上的编号，在方便查看的部位缝上布质标签（由于纸质标签容易脱落，一般不宜采用）。由于样衣并不仅仅作为提供设计评审用，也是作为供订货者观赏和下单的订货会样品。因此，样衣的要求更高，应该在款式、面料、颜色和工艺等方面尽可能与批量生产的成衣保持完全一致，所以，样品制作中尽可能不要使用任何临时性的替代品。

三、制作结果

服装行业的样衣又叫试制样、产前样、封样等，是将设计图稿中款式制成首件试制品。在服装行业，样衣具有非常重要的作用，其制作结果是为了检验设计的实物结果和指导成衣的批量生产。概括起来，样衣制作的结果要达到以下几个要求：

（一）表达设计意图

样衣的最主要作用是以实物表达设计意图的直观效果。为了提高设计工作效率，许多行业的设计意图一开始总是在平面上表现的，服装行业也不例外。但是，平面表现具有很大的局限性，不可能真实地表达设计意图的实物感。

（二）提供评审依据

一般来说，成衣在批量生产之前必须通过对样衣的评审。对图稿的评审只是平面的，往往需要借助想象力，才能对设计意图获得一个因人而异的印象，对样衣的评审则是立体的，可以使决策者对设计方案的整体状况有一个非常清晰的概念和了解。

（三）用于生产指导

成衣是在生产流水线上生产出来的，在人数众多的生产人员对新产品缺乏经验或没有完整的概念时，样衣可以用来统一生产人员对新产品的认识，并作为批量生产时严格参照的技术依据，此时的样衣也被称为封样。

总之，样衣的作用是十分重要的，设计师必须认真对待样衣制作环节。虽然样衣是由技术部门完成的工作，但是，设计师必须时刻关心样衣的制作情况，与制作人员多进行一些技术沟通，把自己的设计意图让对方彻底了解（图5-2）。

样衣车间

入库为评审工作做准备

完成样衣生产

图5-2　样衣制作团队是服装企业不可缺少的一股重要力量

第二节　服装设计业务的样品评审

样品评审是服装企业在批量生产之前进行的最后一次对设计结果的评审,实际上也是对设计方案评审的延续。既然样衣是为了真实地表达设计意图和指导批量生产而制作的,那么,其结果必须通过评审程序,并获得评者者的认可,才能真正成为指导批量生产的样品。

一、评审原则

绝大部分服装企业都十分重视样衣的评审,因为他们知道这是企业用来进行销售预估的产品范本。对样衣的评审工作应该以科学合理的方式,在坚持准确性、有效性和市场性的原则下,通过相对严格的程序,完成拣选、组合、增补等评审目的(表5-1)。

(一)　准确性

评审工作的准确性是指考察和评价样衣是否准确无误地表达了设计画稿中的效果。样衣的准确性是不容置疑的,只有根据制作准确的样衣,人们才能判断设计意图是否完美。具体做法是,在听取了设计人员对设计意图的介绍之后,对照设计画稿中的具体要求和细节,察看其是否符合前者所说的要求。

表 5-1 曼迪品牌产品开发 14/15 秋冬评审表（样表）

主题	序号	型号	面料成分	面料克重(g/m²)	款式	颜色（选3种色彩）				设计		建议
										图案	总评	
系列一—舒适亲悦	1	MDM01	95%莫代尔 5%氨纶	190克单面加弹	V领男套装	藏青	深灰	蓝灰	黑	图案	总评	
	2	MDM02	46%莫代尔 46%高模量纤维 9%氨纶	205克单面加弹	男套装	藏青	蓝灰	白	黑	图案	总评	
	3	MDW01	100%棉	160克双面棉毛	V领女套	麻蓝	深灰	酱红	妃色	图案	总评	
	4	MDW02	46%莫代尔 46%高模量纤维 8%氨纶	190克单面加弹	女单件上衣	蓝灰	白	紫色	黑	图案	总评	
	5	MDM03	46%莫代尔 46%高模量纤维 9%氨纶	205克单面加弹	男款系列品	藏青	深灰	酱红	妃色	图案	总评	
	6	MDW03	46%莫代尔 46%高模量纤维 9%氨纶	190克单面加弹	女套装	麻蓝	紫色	妃色	黑	图案	总评	
	7	MDM04	100%棉	190克双面棉毛	男上装	藏青	深灰	蓝灰	黑	图案	总评	
	8	MDM04P			男裤	藏青	深灰	黑		图案	总评	
	9	MDW04	100%棉	190克双面棉毛印花	都市圆领女套装	紫色	深灰	酱红	黑	图案	总评	
	10	MDW05	100%棉	210克段染双面棉毛	女开襟衫	段染黄	段染棕	段染紫	妃色	图案	总评	
	11	MDM05	100%棉	210克色纺双面棉毛	男开襟衫	藏青	深灰	蓝灰	黑	图案	总评	
	12	MDM06	100%棉	295克捻线双面棉毛	男开襟衫	藏青	深灰	豆沙	黑	图案	总评	
		MDW06	100%棉	295克捻线双面棉毛	女开襟衫	紫色	豆沙	蓝灰	妃色	图案	总评	
其他建议												

（二）有效性

评审工作的有效性是指参加样衣评审的人员必须是能够正确地决定样品命运的决策者。即使是同样一组样衣，由于评审人员的不同，评审结果也是不同的。具体做法是，首先选定评审人员，在可能的条件下，适当区分他们在评审过程中的任务及权重，发挥其最佳的职能效用。

（三）市场性

评审工作的市场性是指以适应市场需求为导向，综合价格、季节、流行等因素对样衣进行评审。尽管某些样衣可能与预想效果不一致，但是，只要它具有销售前景，依然可以作为入选对象。具体做法是，对照当前市场情况，假设将来可能出现的消费需求，做出适当超前于本季产品的判断。

二、评审的方法

样衣评审的方法有好几种，执行起来也比较灵活，应该根据产品的性质和企业的实际情况而定。比如，以划分评审的时间段为特征的周期性评审法、以淘汰与晋级形式为特征的轮回制评审法、以企业高管参加为特征的核心层评审法等等。目前，在服装企业内部，样衣评审的方法主要有以下三种：

（一）静态评审法

静态评审法是指针对处于静止状态下的样衣进行评审的方法。一般是按照系列顺序或编号，将样衣逐一穿在人台上，或挂在衣架上进行评审。静态评审法的优点是可以仔细地近距离观察，对样衣的面料、工艺、配件等细部特征反复查看。缺点是不能了解其真人穿着的效果，不易发现服装结构上可能存在的隐蔽性毛病。

（二）动态评审法

动态评审法是指针对处于活动状态下的样衣进行评审的方法。通常是邀请体型与样衣规格相同的人员穿上样衣，并要求其配合做来回走动和站立下蹲等动作，观察样衣的真实效果。动态评审法的优点是可以生动地展示样衣的实际穿着效果，发现舒适性不够等隐性问题。缺点是由于相同体型人员的数量有限，难以在同一时间展示全部样品。

（三）综合评审法

综合评审法是将静态评审法和动态评审法合二为一的评审方法（图5-3）。一般是首先进行动态演示，其次是静态评估，让评审者对动态演示服装的样衣进一步仔细观察。采用综合评审法的优点是可以有效地避开上述两种评审法存在的不足之处，使评审人员对样衣的观察和体验更为全面和细致，评审结果也变得更为准确。缺点是耗费时间长、动用人力多、执行成本高，另外，这种评审法的组织和实行过程也比较困难。

图5-3　综合评审法使样衣评审步骤更为客观，能够及时修正样衣存在的问题

三、评审流程

评审流程对于产生正确的评审结果至关重要。尤其是对于大多数主攻内销市场的服装企业一年仅举行两次的大型产品评审来说,由于评审的样品非常集中,评审的时间比较漫长,提出的意见相对分散,如果准备不够充分,可能会出现比较混乱的评审场面。作为产品设计的主体,设计团队一定要加入样品评审活动中去,争取获得解释设计意图的话语权(表5-2)。

表5-2　曼迪品牌产品开发14/15秋冬评审流程

漫迪品牌产品开发(14/15秋冬)评审流程与准备
一、评审流程 　● 总体情况说明(10分钟):项目主管对本季产品研发总体情况说明。 　● 设计方案解说(20分钟):设计师对设计方案进行说明。 　● 服装静态评审(30分钟):评审人员根据评审标准对陈列产品进行评判。 　● 服装动态评审(20分钟):配合解说,评审人员根据展示效果综合评判。 　● 评审结果统计(20分钟):回收评审表,统计出结果。 　● 评审意见交流(10分钟):评审人员就本季度产品研发工作进行交流。 　● 评审结果总结(5分钟):评审组对评审结果的书面总结意见。 　● 项目主管总结(5分钟):项目主管对本次评审活动以及结果的总结意见。 **二、评审准备** 　● 样衣准备:14/15秋冬研发所有样品提前到位。 　● 样品编号:每一件样品(包括服装配饰)进行系统编号。 　● 服装静态陈列展示:选择数量足够的与服装样品号型匹配的人台陈列样品。 　● 模特着装动态展示:选择数量足够的与服装样品号型匹配的人员展示样品。 　● 服装配饰陈列展示:匹配面积足够的服装配饰展示台。 　● 外援支持准备:提前与相关专家、区域负责人、消费群代表等参与评审工作的外援人员确认评审时间、地点与内容。 　　文件准备:评审打分与意见统计表。 　● 其他会议准备:场地宽敞,换装方便,灯光明亮等。 　● 评审组工作分配:明确评审组人员的工作分工,包括回收统计表、统计结果等。

样衣评审的流程和设计方案的评审流程大体上差不多,只是需要的场地更大,工作量更重,参与人员更多。它一般需要经过以下几个环节:

(一)　准备

精心的准备工作可以使紧张的样衣评审过程变得轻松而流畅,减少忙中出错的几率。样衣评审活动需要准备的内容很多,将会耗费组织者的不少时间和精力,比如布置评审场地、约定评审时间、组织专业人员、挑选配套人台、落实真人模特、设置评审程序、制定评分标准、试用摄录器材、编写汇报文件、打印评分表格、配备统计工具等等。

(二)　说明

在样衣评审活动开始之初,设计团队应该就设计方案进行一次简短扼要的说明。虽然在设计方案评审时已经有过类似说明,但是,由于从纸面到实物的过程可能需要花费很长时间,即使是原班评审人员也会因为遗忘等原因而对设计方案存有不同程度的陌生感。此时,设计团队的解释工作就显得十分重要。

（三）展示

正确展示和快速更换样品是样品评审活动的重要工作。无论是静态评审还是动态评审,工作人员应该正确地穿好样衣,评审后的样衣更换速度要快,不要因为评审人员等候太长时间而失去耐心,而且不能出现次序或编号失误,以免引起评分登记的混乱或错漏,从而影响评审结果的统计。

（四）评议

评议的目的是每位评审人员通过交换意见,在掌握更多信息之后,做出的公正评价。在评议时应该注意发言的顺序,一般从职位较低的或者权重较小的评审人员开始,最后是评审活动中最高职位的人员作一个简短的总结。反之,则会影响前者正常地发表意见。有时,省略评议环节也是一个不错的选择,因为它可以使评审人员互不干扰地给出自己的评分。

（五）结论

经过评议之后,即可进入对每一件样衣进行评分的环节。此时,为了得到更加审慎的评审结果,可以留出一点时间,供评审人员再次接近样衣,在反复观看与触摸样衣之后,在评分表内填写自己对样衣的评价。随后是工作人员收齐评分表格,按照事先商定的评分规则,对每位评审人员填写的数据进行统计,得出该次样衣评审活动的结果。

四、评审结果

每次正式的评审活动都应该得出一个完整而清晰的评审结果,以便进入到后续步骤并正确执行。在评审结果出来之后,还需要将其中的意见落实到具体部门进行处理,并确保专人负责。在此过程中,应该分门别类地保留这些样品的相关技术文件。

（一）评审结果的表达

经过一轮完整的评审程序之后,将会得到一个评审结果。不管这个评审结果是初审性的,还是终审性的,都可以针对下一步工作提出指导性意见。评审结果应该意图明确,一般分为"通过、修改、淘汰"三种,将分别获得上述三种评审结果的样衣分开存放,便于有关部门在需要这些样衣时,能够快速、准确、方便地查找到。为了使评审结果更为全面和完整,评审的组织者应该事先充分说明评审方法,避免废票的产生。

（二）反馈意见的处理

对获得"通过"结论的样衣进行重新编号,准备直接进入下一个程序:生产程序或订货程序;对获得"修改"结论的样衣,在附上写有具体修改意见的修改通知单之后,尽快返回样品制作部门进行修改。在完成修改通知单中的指定内容以后,需要对这些样衣再次组织评审,不过,此时的评审往往在形式上要简单许多;对获得"淘汰"结论的样衣,则无须太多的处理,一般作为淘汰样品暂存或抛售,甚至当作废品对待。

第三节 服装设计业务的方案增补

样品评审工作结束以后,在最为理想的情况下(即全部样衣被一次性通过),设计部门就某一销售季节的设计工作基本完成,此时,充其量也只会留下少量的扫尾工作。如果是采用串行设计方式工作的设计团队,预示着可以进入下一个设计业务的准备工作。但是,理想与现实总是有一定的距离,样衣一次性全部通过评审的情况十分罕见,因此,方案增补是大部分设计人员或大部分设计项目都会遇到的情况。

一、增补原因

方案增补是指原方案出现不能满足销售对款式的要求时,用新增加的设计结果补充原方案空缺的设计行为。因此,方案的增补工作实际上是整个设计工作的延续。出现方案增补的情况主要有以下一些原因:

(一)原方案合格样品不足

经过初次评审以后,原设计方案中合乎销售要求的款式数量不足,难以形成预期的货品布局,此时,必须通过增补新的设计,才能满足上述要求。

(二)市场出现临时性缺货

原先比较整齐的一盘货品在经过一定时间的销售以后,终端卖场可能会出现畅销与滞销并举的情况,即有些款式卖断货,有些款式不动销的不平衡现象。

(三)流行风向发生了突变

由于社会突发事件等因素的影响,预想中的产品流行风格发生突然变化,不得不补充新的款式应对市场,挽救不良销售业绩。

(四)评审结果最终被推翻

由于评审程序或参评人员不符合要求等因素,原先的评审结果受到质疑或被否定,企业可能将组织第二次评审,需要补充新的款式。

(五)合作方提出新的要求

部分在销售份额中占重大比例的代理商或经销商等合作方对评审结果不满意,提出改进产品的新要求,企业不得不尊重和重新考虑他们的要求。

(六)方案中的替代品过多

由于时间紧迫等原因而在用于评审的样品中过多地使用了临时替代的面辅料,将一定程度地影响样品的最终效果,需要增加最终使用实物制作的新样品。

二、增补原则

尽管设计方案的增补是服装设计项目经常遇到的问题,一些设计的款式数量较大的设计任务都会遇到这一问题,但是,这一环节必须依照一定的原则执行,否则,无原则地增补设计方案,很容易产生产品混乱、效率低下、浪费严重等后果。从技术上看,设计方案增补工作要遵循以下三个原则:

(一)必要性原则

出于心中无数或多多比较等原因,某些上级部门或项目委托方对设计方案中的款式数量可以说是"贪得无厌",希望有更大的选择余地,他们通常不理解设计工作的正常程序,要求设计团队提供尽可能多的款式以供挑选。但是,这种做法无疑会增加设计工作量和设计成本,甚至会出现一定的风险,因此,增补工作应该适当控制增补的数量,确有需要时,才真正执行增补计划,不要因为一时冲动而顾此失彼。

（二）快速性原则

　　增补设计很显著的特点之一是要求快速完成。尽管增补设计似乎比整套方案设计简单得多，但是，如果增补数量较多、时间较短、变化较大，其工作难度同样不能等闲视之。虽然有些增补工作难度较低，但是，往往缺少足够的执行时间，比如在时间上，要考虑设计本身所需要的工作时间、外协单位的供货时间、产品生产的准备时间以及销售季节的适宜时间等因素。而且，这些时间因素都对增补设计提出了"必须尽快完成"的要求。

（三）完整性原则

　　增补设计往往有应急成分，而应急工作的特点之一则是没有足够时间考虑系统需要，因而可能会破坏整个设计方案的完整性。由于每项设计任务要求不同，完成这一任务的方式方法也各有差异，对完整性的要求也有所不同。不过，无论是成衣产品，还是团体制服，完整性的基本要求是系列化，不能因为是增补方案而游离于系列之外。如果设计方案用于投标，则必须注意前后方案在表达方式上的完整性和一致性。

三、增补方法

　　为了达到增补的目的，应该针对不同的增补原因与最终要求，采取一种切实可行的增补方法。从原则上说，只要达到每项增补的特定要求，任何合理合法的方法都可以采用。为此，在实施具体的增补方案时，并不一定必须通过一般意义上的"服装设计"来达到目的，通过采购法、设计法、挖掘法和贴牌法等方法，也能实现增补的目的。

（一）采购法

　　采购法是指直接采购目标品牌的成衣作为样品，供增补、填充或再设计时参考，其优点是速度较快、效果直观。由于采购工作较易执行，尤其是在本地市场进行的采购，更能及时完成增补任务。其缺点是容易混乱、涉嫌抄袭。采购所得样品是他人所为，绝非出自本品牌之意，往往显得生硬、凑合。经常使用这种方法，不但会消磨自己的设计个性，也会被消费者所唾弃，作为一个意欲树立自我个性的品牌，不宜长久使用。即使使用，也应该对样品做较大的改动，既适应本品牌的完整性要求，也能避免完全抄袭之嫌。

（二）设计法

　　设计法是指按照品牌原来的思路，结合评审的整改意见，完成增补设计任务。其优点是完整性好，成本较低。由于完成增补设计工作的成员仍然是原班人马，对品牌风格的理解比较容易统一，增补的结果可以最大程度地符合原来的产品策划要求。其缺点是速度较慢、难有突破。有些增补设计工作需要从设计构思到原辅材料、从结构工艺到样品制作，进行重新布局和循序完成，特别是遇到款式数量较大的增补任务，将会花费不少时间和精力。而且，在原班设计人员的思维已成定势的情况下，设计风格一时难有新的突破。

（三）挖掘法

　　挖掘法是指通过对现有产品状况的清点和整理，挖掘库存资源，或升格或补充，整合成为面目一新的货品。其优点是便捷快速、用透资源。任何一个服装品牌都有季后库存，造成库存的原因很多，有些库存并非款式不好，可能是因为逾期上货、价格太高、风格偏差等等，如果改变其中一种原因，这些货品可能会畅销。其缺点是木已成舟、难有改观。由于库存产品早已定型，甚至落后于流行,如果改变的技术不够巧妙,一般难有较大改观。因此,这种方法应该慎用,或对其适当修改与配套,增补为新的候选款式。

(四) 贴牌法

贴牌法是指以指定生产的合作方式,要求对方在其开发的产品上贴上本品牌标志。其优点是合理合法、选择面广,可以用合同形式委托对方生产。其缺点是款式定型、易于雷同,因对方负责生产而修改款式的余地不大。由于服装的分类很细,比如皮装、内衣、正装、休闲装、针织衫、羽绒服等等,一般来说,一家服装企业不可能做齐全部品类的产品。对于一个经营全系列产品的品牌来说,必须采用贴牌的方式,解决本企业生产的产品品类不足的问题。目前,一些著名品牌也经常采用此方法,弥补自己货品的缺项或不够专业。

四、增补结果

对于一个设计方案来说,完成了上述增补工作以后,必定会出现一个新的结果。此结果也许是人们期待之中的,也可能是意料之外的。不管此结果的可行性如何,还是需要经过再次评审。特别是当增补数量较大时,更需要进行严格的评审。必要时,还应该将增补结果与前次评审结果一起展示,从整体上把握全盘设计的效果(图5-4)。

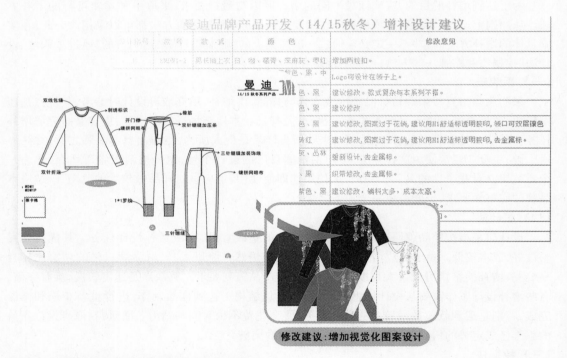

图5-4　结合评审整改意见,由设计团队进行补充款式设计

由于增补结果与前次评审有连贯性,评审人员对本次评审内容比较熟悉,因此,在对增补结果的表达和处理上要简单不少,其复杂或简单的程度与要求增补的款式数量之多少有关。即,增补数量越多,评审程序越正规,反之,则越简单。即便如此,企业还是不能对再次评审采取等

闲视之的态度,否则,很容易出现决策错误。

具体来说,首先,设计部门应该针对增补方案中做出的改动之处,进行必要的详细说明。其次,评审人员根据产品策划的要求和实际完成情况,进行综合评价。如果全部通过,则可以顺利进入下一个工作程序;如果还有部分增补结果没有通过,或出现了重新调整前次结果的新意见,则需要将未通过部分或新的调整意见再次进入增补程序。

如果更换了大部分评审人员或关键性评审人员,对增补结果的评审则等于是一次对全新设计方案的评审,此时,必须完全按照前次评审的程序,完成整个设计方案的评审工作。

第四节 服装设计业务的跟踪服务

一旦设计方案(包括增补方案)全部通过了评审,从原则上来说,设计工作已经全部完成。但是,由于设计工作是达成最终目的的中间环节,不同的设计项目面对的最终目的和完成方式各不相同,有些设计业务需要设计部门提供进一步技术服务,这种服务就是跟踪服务,或称后续服务,比如穿着指导、陈列方案、产品推广等。在一些比较独立的设计项目中,往往会将跟踪服务作为一项指定内容写进合同中去。因此,跟踪服务已经成为一种促进业务本身的营销手段。

一、跟踪服务的原因

设计工作的最终目的是为了满足用户的需求。用户的概念很广,在本企业内部,用户既可以是指下达设计指令的上游部门,也可以是指接受设计结果的下游部门;在本企业外部,用户既可以包括市场上的消费群体,也可以包括行业内的合作对象。这些用户或多或少地存在着需要得到进一步服务的意愿,从设计团队主体上来看,提供跟踪服务的原因主要有以下几个方面:

(一) 原方案存在缺陷

由于影响业务的因素在业务的初期、中期和后期发生着不断的变化,完成业务的目的、方法和结果也可能发生相应的微调。有些设计业务执行过程较长,起初的想法或手段可能不够完善,这些缺陷将随着时间的推移被不断发现,客观上需要对业已形成的设计结果进行负责任的调整。而且,任何设计方案都只是对未来实际结果的预期,在设计方案的结果实施之后,必然会遇到意料之外的实际问题需要及时解决。

(二) 业务诚信的组成

跟踪服务体现了一个团队的诚信精神,是对自己的工作结果负责任的表现。良好的跟踪服务不仅可以为合作方解决实际问题,弥补考虑不周等技术漏洞,也能获得合作方的好感,尤其是这些问题的起因并不是本方造成的,而合作方又因为能力有限而无力解决时,这种跟踪服务更能取得对方的信任。对于独立的设计机构来说,对方的信任是争取后继业务再续的必要基础,体现了"与人方便就是与己方便"的社会关系基本准则。

（三）服务价值增量化

对于独立的设计机构来说,设计行业属于包括服务性行业在内的第三产业范畴,提供设计业务实际上就是提供技术性服务。而服务工作的特点之一就是要提供优质的跟踪服务(或称后续服务),这也是非常重要的基本职业操守之一。在实践中,跟踪服务往往显得比较繁琐,既精力分散,又效益低下,一个设计团队之所以重视跟踪服务,是为了在行业内树立良好的职业形象,博得卓著的公众口碑,可使服务价值增量。

二、跟踪服务的原则

相对整个设计业务来说,跟踪服务的实际工作量可能并不是很大,但是,由于它同样需要经过完整的程序,因牵涉到一定的人力物力而战线长、耗时多,有时甚至会喧宾夺主,影响到正在或将要进行的其他项目。为了井然有序地开展跟踪服务,提高跟踪服务的效率,一般采用以下几条原则:

（一）客户至上原则

在可能的条件下,一切以满足客户要求为准,这是服务业的基本原则之一。有时,客户要求因为种种原因而显得有些不合情理,但是,作为提供技术服务的一方,设计团队还是应该以大局为重,学会换位思考,不要因为怕麻烦等原因而拒绝客户的要求。虽然有人强调客户的要求必须合理,但是,由于立场的不同,有些事情很难评判其是否合理,如果面对客户要求而不作为,就可能失去客户的信任,给业内其他不明就里的客户造成不良影响,甚至失去他们可能将要委托的设计业务。

（二）缓急轻重原则

当委托客户或上级领导提出的跟踪服务内容超出预料之多,时间超乎意料之短,就应该根据这些服务的缓急轻重,抓住主要问题,逐一排摸解决,并将造成不能全面展开或不能全部完成跟踪服务的实际原因告知对方,争取客户或领导的谅解,便于他们获得其他方面的援助。由于某些客户不是内行,他们不懂得行业内的基本规则,可能会提出非常外行的不可实现要求,此时,设计团队不可操之过急,必须在尽可能加大服务力度的同时,以耐心而专业的解释,求得客户的谅解。

（三）技术为先原则

实践证明,几乎任何设计业务都会出现或大或小的问题。这些形形色色的问题可能是匪夷所思的,比如委托方要求派人更换一下套在模特上的样品、去除样品上的污渍或陪伴他们与客户交流,甚至要求拖延货款等等。在一大堆等待解决的问题中,应该选择与技术服务相关的内容为重点,对于一些非技术服务的内容,应该婉转地向客户说明非本团队业务范围,这样反而能获得对方的谅解与尊重。因为设计团队的首要任务是提供技术服务,其他服务非其所长。

三、跟踪服务的方法

对于外单位委托业务来说,本方的跟踪服务内容可以写在技术服务合同里面。对于本企业日常设计任务,跟踪服务则是常规工作内容,但也可以写在工作任务书里面,明确其内容和职责。如果是双方事先均未虑到的新增内容,则可以用补充协议或工作备忘录等形式予以确定。

具体方法主要有以下一些：

（一）回访法

　　回访法是指针对已经完成的项目内容，重新造访客户，征求客户对项目结果的使用意见。这种方法是在对方还没有反映项目结果是否出现问题之前，承接该项目的设计团队主动出击，及时上门了解实际使用情况。由于并不知道问题所在，其行动的针对性不强，回访法相对来说比较务虚，通常作为沟通业务或联络感情用，因此带有一定的承接后续业务之目的。在具体实施中，可以采取定时回访或不定时回访两种情况，一般以后者居多。

（二）跟踪法

　　跟踪法是指与客户同步关注设计的利用效果。这种方法也是在对方没有直接反映出现问题之前就开展的，其对象一般是设计结果并非委托方终极目的的业务，也就是委托方以此营利的业务，比如某个品牌的产品开发方案。与回访法不同的是，跟踪法的服务频度较高，常采用定时、定人、定点的方式，及时关注对方业务的进展情况，对发现的问题立刻做出必要的回应，帮助对方达到后期目的。

（三）现场法

　　现场法是指与客户一起，在问题的现场就地解决项目完成以后出现的实际问题。这种方法是在对方反映本方的设计结果出现了问题之后进行的，具有针对性强、效果直观等特点。现场法非常务实，在问题现场面对问题，不仅最能体现设计团队的诚心，而且可以给委托方很大的心理安慰。各方汇集于问题的现场，便于更准确地发现问题，更明确地分清职责，更快速地提出解决方案，解决问题的效率较高。

（四）指导法

　　指导法是指以专家身份，为客户提供技术咨询与指导服务。这种方法一般是委托方在使用设计结果的过程中，遇到了一些并不严重的问题，需要请教之时进行。这些问题通常比较琐碎，不需要专门集中人员进行现场指导，比如询问尺寸规格、选择纽扣颜色、确认面料名称等等。有时，委托方遇到其他类似的相关问题或者某些自己思考中的疑惑，甚至一些业内信息，也可以通过指导法得到帮助。

（五）培训法

　　培训法是指针对已经完成的项目内容，对客户采取技术培训的形式，帮助客户正确掌握设计结果的使用或推广方法。这种方法一般针对规模较大的产品策划项目，事先写在合同里面，作为设计业务的辅助业务，比如，营业员培训、加盟商培训、样板师培训等等。由于培训的内容十分广泛，有时一个设计团队无法胜任，需要联合专业管理团队完成，因此，平时多积累一些合作资源非常重要。

（六）支援法

　　支援法是指派出专人或输送物品到对方指定地点，直接填补对方的技术漏洞。这种方法往往是为了应付突发性紧急情况，比如，对方设计师或样板师等技术人员的突然跳槽、设备故障不能修复等等，能够短时间内直接解决对方存在的问题，因为一般情况可以事先预计并写在服务合同中。如果能救人于危难之中，对方将感激不尽。因此，遇到对方发出这种服务需求时，应该尽可能地倾力而为（图5-5）。

图5-5 外援单位配合服装企业参与产品研发各个阶段,介入项目深度取决于企业的不同需求,对在产品设计、生产、评审过程中遇到的问题提供及时的指导

本章小结

服装设计业务后期包括样品制作、样品评审、方案增补和跟踪服务,从业内实际情况来看,这些内容大多数属于服装企业内其他部门的工作,或者只是在设计部门参与下的工作,而不是由设计部门主持的工作。但是,由于企业规模、技术能力或部门职责等原因,服装企业内部的现实情况比较复杂,岗位分工不尽一致,其中有些工作是设计部门必须承担的,而且,服装企业和服装设计机构在承担设计业务中发挥的作用也不一样,因此,作为设计师,也应该了解这些工作的特点与方法,在必要时可以应对。

尽管本章列出了在实际工作中可能会遇到的问题以及解决的方法,但是,事物总是在特定环境下不断发展变化的,实际情况可能比此更为复杂,因此,设计师应该根据具体情况,找到更加切合实际的新的解决方法。

思考与练习

1. 如何看待和实现服装设计师的一专多能?
2. 除了服装设计技能以外,请举三个还应该掌握的其他技能是什么?排序并说明理由。
3. 结合自己的社会实践课程,以实例说明服装设计后期工作的重要性以及你能发挥的作用。

服装设计业务的辅助环节

　　"红花需要绿叶扶",辅助环节是实务性工作的重要体现。要做好设计业务,离不开辅助环节的有力支持,它们是整个业务系统工作的一部分。为了使设计业务能够保质保量地按时完成,即使是纯粹的画设计稿之类的业务,也需要一些辅助环节的配合,才能使设计师安心做好设计工作,不至于出现设计师兼文员或采购员兼调研员等凌乱无序的状态。这也体现了"让合适的人做合适的事"的管理原则,使每个人都能发挥出应有的价值,将工作成本控制在最为合理的水平。服装设计业务的辅助环节主要有采购环节、管理环节、资源环节和内务环节四个环节。

第一节 采 购 环 节

采购是指企业为了保证生产经营活动正常开展而从供应市场获取产品或服务的一项企业经营活动。设计业务中的采购环节是指针对设计业务所需要的实物而进行的外出采样和购置工作,比如采购面料、辅料或样衣等。由于被采购物品记载了很多需要传递给客户的信息,也往往需要通过一些特殊渠道才能获取最新物品,特别是要有超前而准确的专业眼光,因此,无论是独立的设计机构,还是从属于企业的设计团队,采购环节都是一项非常重要的工作(图6-1)。

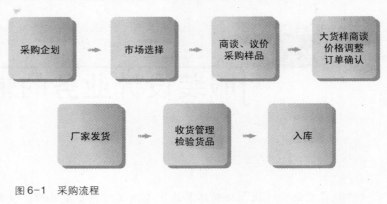

图6-1 采购流程

一、采购内容

为了完成服装设计业务,所需要采购的内容很多,门类很复杂。从被采购物品的内容来看,这些物品主要分为以下几个类型:

(一) 服装材料

服装材料是构成服装的物质要素,包括服装面料和服装辅料。一个完整的设计方案不能缺少服装材料的支持,特别是对服装面料的说明,最好的说明办法就是在服装设计方案中附上服装面料的样品。因此,采购服装材料的目的是用实物向客户展示设计中的款式将要使用材料的实际效果或直接用来制作样衣。尽管服装面料是表现设计方案的主要材料,成为采购的主要内容,但是,缺少辅料的支持,服装也将不复存在,特别是由于服装辅料往往可以成为具有不同反响的产品卖点而被作为设计重点。因此,无论是服装面料还是服装辅料的采购都变得十分重要,是最经常性的采购内容。

(二) 服装设备

服装设备是用来生产制造服装产品的物质工具和装备,包括缝纫设备、熨烫设备、裁剪设备等。采购服装设备的目的是为了满足设计业务中委托方要求制作样品的需求。一般来说,大部分委托方都需要设计机构能够制作样衣,使设计构思从平面图纸转换为实物样衣,最大限度地体现设计者的原始创意,防止因他人代为制作样衣时出现理解偏差而导致效果走样,避免日后相互推诿扯皮。因此,逐渐壮大起来的设计机构往往会考虑设置样衣制作部门。在服装企业里面,一般都有专门负责制作样衣的部门,服装设备的采购不需要设计部门负责。

(三) 设计工具

设计工具是指设计师直接用来表达设计意图的一切物品,包括电子工具(电脑、电子绘图仪、设计软件等)、手工工具(剪刀、打眼钳等)、绘图工具(蛇形尺、曲线板等)、信息工具(流行资料、专业杂志等)、专用耗材(制板纸、打印墨水等)。设计工具功能繁多,门类十分复杂,使用习惯多样,损耗速度较快,通常由设计师自行负责采购。为了集中管理,控制成本,大型设计机构往往派专人负责,定期征询设计师的工作需求,进行集中申报和集中采购。

二、采购原则

为了能够及时、准确地完成采购任务,要求采购人员根据企业的实际需求,制定企业的采购计划,通过对外部供应市场的供应基础(货源、交期、质量、价格、服务)分析,比照竞争对手的采购信息,在目标比较的基础上设定物料的长短期采购目标,满足企业在成本、质量、时间、技术等方面的综合指标,并选择最佳采购渠道,执行和完成采购计划。具体来说,针对服装面辅料的采购,采购者应该注意遵守以下几个原则:

(一) 有效性原则

采购对象必须真实有效。采购的有效性主要体现在三个方面,一是质量可靠。采购的样品与最后交付的实物必须在质量上保持一致,即使出现误差,也必须在事先预知的可控范围内,确保物料在使用过程中的质量稳定。二是交货及时。采购者必须要求供应商保证采购到的样品能够及时并足额交货,以免耽误使用者的正常工作进度。三是服务到位。供应商的服务可以体现其专业性和诚心度,有些被采购物品并非一次性交易,而是需要供应商提供良好的配套服务,否则,再好的物品也不能完全发挥效用。

(二) 成本性原则

采购成本必须科学合理。采购的成本性主要体现在三个方面,一是时间成本。采购者必须在设计师需要的第一时间内,以最快的速度,将采购的物品及时送达设计师手中,一旦超过时间,不但影响项目的完成进度,甚至可能会变得毫无价值。二是使用成本。样品的价格一般比正常货品的价格高出许多,大量采购样品将提高设计项目的支出成本,因此,采购数量应该尽量精准。三是过程成本。采购过程需要采购人员外出工作,他们在外面的交通食宿或公关费用都是采购过程中发生的成本。

(三) 典型性原则

采购内容必须精准典型。由于大部分采购来的样品并不是最终使用的货品,而是提供给设计师作为表现设计构思或激发设计灵感的参考,而且,设计师需要的很多样品往往只是在其脑海中的想象,尚未真正面市,因此,采购者一般总是以尽可能精准的物品暂时替代。为了体现这种"尽可能精准",采购者应该选择最为典型的物品,作为进一步调整下一步采购目标的参照对象。一般来说,有些小型设计机构往往要求设计师自行完成面辅料的采购任务,或者是设计师负责看样,采购员负责跟踪落实。

三、采购要点

为了做好采购工作,除了依据一定的方法以外,还需要在实践采购过程中,注意以下几个要点:

(一) 制定采购计划

制定采购计划是指按照设计部门的总体要求,事先制定科学合理的采购工作安排。设计工作具有比较严密的计划性,特别是面对服装零售市场的产品设计项目,更需要严格的执行计划,样品采购是其中的重要内容之一,包括采购的目录、数量、定价、渠道、时间、人员等等,通过与设计部门的采购目标和要求进行核对,将不合格数据筛选出来,保证计划数据的准确性和有效性,留出足够的时间和空间,货比三家,充分发挥市场杠杆效应,降低采购品的材料成本和采购过程成本,提升采购工作效率,从而达到降低采购成本和及时输送样品的目的。

(二)进行供应商评估

供应商评估是指对候选供应商进行商业信用等级的认证。对于设计机构来说,采购工作具有较大的风险,由于供应方造成的货期拖延、短尺缺码、质次价高等原因,轻则耽误如期拿到样品,影响设计工作的正常开展,重则耽误产品按期生产,引起委托方索赔。具有良好信用等级的供应商可以减少采购风险。为了避免采购风险,设计机构可按照自己的方式,对供应商进行供应资质、业内口碑等方面商业信用的评估,对评估合格的供应商进行内部排序或分级,使其成为自己的候选供应商。在顺利完成第一次供货之后,候选供应商将成为正式供应商,必要时,对正式供应商也可以按照新的标准进行再次评估。

(三)详细的采购合同

详细的采购合同是指将需要采购的内容和双方职责以合同的方式一一清晰而仔细地列出,包括货品价格、规格、数量、质量、交货地点和日期、验货方式和标准、付款方式和日期、违约责任、解决纠纷、保密责任等等。一般的交易都有格式合同,不过,格式合同往往对该合同的制定者有利,甚至在字里行间可能会存在合同陷阱,因此,采购者务必仔细核对对方格式合同中的每一项条款,一旦发现不利于自己之处,就应该据理力争,这不仅是因为合同的基础是平等自愿,而且,合同是法律部门日后处理可能发生合同纠纷的依据。

(四)预备应急方案

预备应急方案是指面对采购对象出现意外变故而采用的应急措施。由于一个品牌在一个流行季里需要采购由多家供应商提供的多达数百个不同类型的样品,难免会出现缺货、断货等情况,比如有时一个千挑万选的样品往往因为天灾人祸等种种不测原因而不见踪影,此时的当务之急不是追究供应商的责任,而是必须设法尽快解决问题,不然,由此而造成的后果将不堪设想。为了克服这一现象,设计部门应该事先预备应急方案,即事先设定代用样品,在第一方案失效的情况下,及时启动第二方案,保证设计方案能够最终如期变成事实。

四、采购方法

采购是一项颇有技巧的工作,正确的工作方法将有助于提高采购工作的效率。通常来说,采购的来源十分重要,它提供了自己想要采购的物品究竟藏身何处的信息。因此,采购方法中的首要前提是必须弄清货源,才能顺藤摸瓜地找到这些物品。一般来说,采购服装材料的方法主要有以下几种:

(一)分段采购法

分段采购法是指根据使用者对被采购物品轻重缓急的需要,按照供应和使用的时间先后,将这些物品划分在一定的时间段内进行有序采购。虽然完成服装设计项目需要采购大量面辅料样品,但是,这些样品往往不是被同时使用的,实际使用会相差很长时间,如果一味强调这些物品必须同时到位,不仅会出现人手不够或忙闲不均的现象,而且会加重用于采购的资金压力。因此,实行分段采购可以趋利避害,对完成采购任务来说,将会更有实效。当然,这种方法的前提是采购者必须具备很强的协调能力,保证被采购物品能够按照计划及时到位。

(二) 样品确认法

样品确认法是指以现有样品作为标准,寻找相对应的货品。也指根据对方提供的样品,在完成样品试验或试制以后,确定订单。样品确认法是比较稳妥的办法,可以避免因匆忙订货而造成的失误。大部分订货都需要对样品进行确认,尤其是对不熟悉的新产品,更需要以此方法完成采购工作。一般要求供货方提供尽可能多的样品,在其中选择需要的品种,有时甚至要求对方定制一部分样品(又叫打样),在各项指标合格以后才下订单。不过,这种方法往往需要支付打样费用,只有正式下订单,成本较高的打样费用才可免除。因此,虽然打样对成品的质量较有保障,但是需要控制比例。

(三) 在线采购法

在线采购法是指利用互联网的搜索工具和交易平台,发布需求信息或寻找供应信息,以B2B、O2O等方式完成采购任务。在线采购方式不仅供需信息量大,而且工作成本较低,目前在行业内已经十分普及,是采购工作的发展趋势(图6-2)。在互联网技术日益发达的今天,成熟的采购管理平台可以圆满解决采购流程中的各类问题,越来越多的人开始利用网络完成各种工作,采购工作也成为了互联网服务的重点对象,正在逐步地全部取代或部分取代传统采购方法。对于服装材料来说,其最大不足是不能在第一时间内触摸到布料等样品。

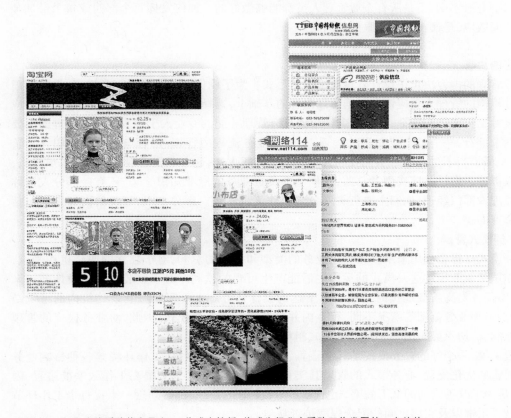

图6-2　B2B在线采购信息量大,工作成本较低,将成为行业内采购工作发展的一大趋势

（四） 信息散播法

信息散播法是指利用一定的信息散播途径，将自己的需求信息及时散播至供应商，吸引供应商主动上门服务。传统的信息散播途径是纺织品展会、行业协会、发布广告等等，现代的信息散播途径是电子商务平台等。对供应商来说，设计机构是其产品的用户，为了推销产品，他们一般均十分愿意提供最新的产品信息，只要人手充裕，将会带上部分样品，主动上门服务。这样，需求者就可以节省不少时间和精力。不过，采用信息散播法的前提是需求者必须拥有良好的业绩或口碑，以真实的业务量，取得供应商的信任。否则，供应商不会长期提供上门服务。

第二节　管理环节

这里的管理环节是指针对服装设计业务展开的管理工作及其行为过程。由于人数相对较少，工作环节并不十分复杂，一个设计机构的设计业务管理工作看上去比较简单，但是，设计管理其实是对于知识劳动以及知识劳动者的管理，其内容和方式与管理生产部门和生产工人的内容与形式均有所不同，不是所有企业管理人员都能够做好的。如何发挥每个部门或每个设计师的工作协同效应，是摆在管理者眼前的问题。

一、管理的内容

设计管理的内容决定了设计管理所采用的形式。为了确保设计业务的正常进展，设计部门或者设计机构的管理人员应该在明确管理内容的基础上，选择恰当的管理办法。其管理人员应该懂得设计工作规律和特征，合适的人选应该具有管理才能的专业人士更为恰当。管理的主要内容有两个部分，一个是专业知识的管理，一个是业务流程的管理，两者均由一个称职人才负责，自然是最恰当不过。如果不能找到合二为一的称职人才，这个职位通常有两部分人员组成，一部分人被称为设计总监或创意总监，他们主要负责业务的专业知识管理，还有一部分人被称为业务经理或部门经理，他们主要负责业务的工作流程管理。细分一下，管理的内容主要包括以下几个方面：

（一） 业务模式管理

业务模式是指企业用来承接和完成业务的类型和方法的总和，对于独立的服装机构来说，其首要作用是业务经过这一模式的运转之后能产生可观的盈利。对于服装企业的设计部门来说，其首要任务是高质量地按时完成企业下达的设计任务。由于每家服装设计机构的组织结构、专业能力和业务范围等情况不同，行业内并没有统一的业务模式，因此，对业务模式的管理必须因地制宜，切不可采用"一刀切"的方式粗糙处理。

一般来说，一个好的业务模式是利润核算、人员配备、业务内容、工作环境等各种影响业务绩效的因素的优化配置，业务模式的管理其实是不断理顺工作关系和提高工作效率的过程，因此，无论是为了改善当前的低下效率，还是为了谋求更好的业绩，都必须逐一审视每个工作环节的状态是否正常以及它们之间的配合程度是否默契。

（二）业务团队管理

业务团队是指所有与业务有关的人员组合。在设计机构中,最常见的人员组合有负责承接业务的业务员、完成创意策划的企划师、承担设计任务的设计师、提供材料的采购员、负责制板的样板师、负责制作样衣的样衣工以及其他配合人员,规模大的设计机构可以进一步细化上述岗位的分工,比如设计师就可以分为趋势设计师、男装设计师、女装设计师或主任设计师、担当设计师、助理设计师等。规模小的设计机构则往往要求一专多能,一个人同时承担多项不同岗位的工作(图6-3)。

业务团队管理是关于人才的管理,设计工作的特性决定了业务团队管理是设计业务管理中比较困难的管理内容。其要点大致有以下几个方面:一是激发和支持团队成员的工作热情;二是为团队成员指明今后的工作方向;三是要做到内部利益分配的公平合理;四是必须尊重每个团队成员的独立人格;五是保证兑现企业作出的每一个承诺;六是自始至终地树立团队成员的自信;七是协调好每位团队成员之间

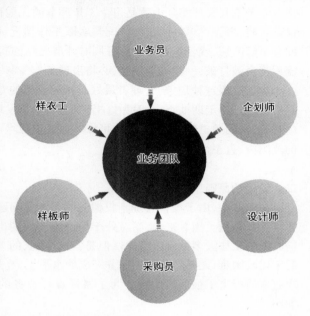

图6-3 业务团队构成图

的关系;八是合理安排和调节工作内容和难度;九是在处理矛盾时表现出适当的宽容;十是硬件配置上尽可能采用先进设备。

此外,还要制定或完善一些便于操作的管理措施,开诚布公地事先声明这些措施,比如工作汇报制度、弹性考勤制度、业绩提成制度等。在遇到矛盾的苗头时,应该加以提醒并及时处理,防止事态的进一步扩大。

（三）业务成本管理

业务成本是指为了完成业务而支出的各项费用。从财务角度看,成本与利润成反比关系,每多花一分钱成本,就减少一分钱的利润。设计业务成本的弹性较大,表面上似乎差异不大的业务内容,其业务成本可能存在较大差异,比如,市场调研的样本数量越多、调研路程越长、交通工具越快、食宿档次越高、投入人数越多,调研成本就越高。只要对上述因素调配得当,就完全可以在大大节省成本的情况下,保证调研结果的基本一致。

但是,成本与利润的关系是相对的,业务的利润率并不是越高越好。如果因为节省成本而降低了业务完成的质量,无异是"杀鸡取卵"的办法,因此而造成的不良名声将使得自己难以在熟悉的客户之间开展后续业务。因此,成本管理只是对可以节省的部分进行坚决控制,比如夏季室内空调温度控制在26℃、内部成员差旅费限额、取消无谓的聚餐或者旅游等等,至于一些必须花费的开支,还是不能过于吝啬,以免因小失大。

（四）业务流程管理

业务流程是指为了完成业务而在各岗位之间展开的工作程序。业务流程管理的关键在于稳定和提高工作效率，其前提是团队成员的工作责任和专业能力必须始终保持在一个较高的水平。业务流程管理实际上就是每个工作环节的无缝衔接，保持整体业务在进度和质量上的一致性。有时，事先设想好的工作分配与实际工作情况并不一致，特别是出现了委托方或供应商的配合不够密切，或者是在多项业务同时开展之际，或者遭遇不可抗力的影响时，原先设定的业务流程将会被打破，一旦处理不当，必将出现工作漏洞。

为了克服这种现象，管理者最好是精通业务的专业人才，必须经常性地定期检查业务进度，必要时进行不定期抽查，及时做好书面记录，尽早发现可能存在的问题，对整个业务进度做到心中有数，在问题出现之前，将手中可以掌握的资源尽可能合理调配，首先把问题限定在可以控制的范围内，直至彻底解决。

二、管理的原则

在实践中，由于设计管理不仅遇到的是专业问题，还有更为复杂的人员问题，因此工作起来并不十分轻松。相对来说，面对处于生产第一线的生产人员的管理工作比较容易一些，因为他们所做的工作大多数可以量化。但是，设计团队的大多数工作内容却无法做到量化，因此管理起来比较困难，尤其是在提高业务完成的水平上，更是一项长期而艰巨的工作，这就对管理者的职业素质提出了很高的要求。为了做好设计业务的日常管理工作，管理者必须坚持以下几个原则：

（一）公平性原则

公平性是实行全员管理的基础，如果在全员管理中失去了公平原则，将会留下无穷的隐患。任何一项管理工作都会涉及到具体的责任人，由于每个人的观点和立场不同，考虑问题的出发点和涉及的利益也会不同，因此，公平的处理结果在某些人看来可能是不公平的，久而久之，这些遭遇不公平对待的感觉将成为影响工作情绪的积怨。如果发现有这样的苗头，管理者应该主动摆明事实，说清规矩，做好当事人的思想工作。

管理中的公平性不仅要求制定管理条例时必须公平，还要求在实施管理时做到公平。否则，管理者的心口不一将会引发员工的不满情绪，在工作条件的配置、工作流程的设定、工作任务的分配、劳动报酬的分配、质量事件的处理等方面，应该"处处体现公平，时时尊重人格"。当然，公平原则不是搞平均主义一刀切，它是以客观规律为准绳，以实际状况为事实，以利益兼顾为依据，实现相对的、有条件的公平。

（二）时效性原则

管理的要义是"理"，而不是"管"。"理"是理顺、梳理，是一项具有主动性和长期性的工作；"管"是管制、监管，是一项具有强制性和应急性的工作。两者都是为了解决工作中出现的问题，但是，相对而言，前者的着眼点在于防止出现这种问题，后者的作用力在于处理已经出现的问题，因此，理顺工作关系比管制工作流程具有更积极的意义。

管理的功效在于时间上的把握。实践经验证明：在许多情况下，时间往往可以决定一切。管理的功效也不例外，"及时"是实现成功管理中十分重要的原则。任何一项举措的最终效果都与这项举措出台或执行的时间有关系，"事后诸葛亮"似的管理行为将显得毫无意义。即便是亡羊补牢般的应急措施,也应该得到及时、快速的布置和落实。比如,等到业务差不多快要完成时,技术支援才姗姗来迟,或者内部已经出现一片混乱时,才想起制定规章制度等等,这些举措都将于事无补。

(三) 实效性原则

一般来说,管理工作免不了需要制定一些团队内部共同遵守的行事规则,比如耗材领用制度、财务报销制度、设备保养制度、人才培训制度等,对于这些制度的制定,管理者务必注意它的实效性,即:这些制度必须建立在切实可行和具有实效的基础上,而不是根本无法落实或执行成本很高的一纸空文。否则,这些只做表面文章的所谓"制度"不仅会掩盖矛盾,使得处理问题时出现无据可依的抓瞎现象,还会延误时机,造成问题的进一步扩大或隐藏得更深。

提高管理制度实效性的关键在于把各种可能出现的问题考虑周全,对于因为处理意见不妥或不服处理结果而引起的种种后果,都应该事先有所思想准备。具体做法是设身处地地演示现实场景,体会当事人的心情或问题对象的状态,检讨设计团队本身的实力,遇到涉及个人利益的问题应该进行换位思考,甚至站在反对者立场向自己提出难题,那么,基于这种立场制定的管理制度将会具有实效性。

(四) 现场性原则

为了便于客观、真实、全面地了解情况,管理的最佳场地应该是事件发生的现场。服装设计业务中涉及的所谓现场,主要是指设计、打样、调研、讨论、汇报等执行地点。纯粹的产品设计业务带有许多视觉艺术的成分,很多问题需要解决视觉上的问题,只有在现场,才能使这些问题更为直观。比如,在企业调整工作场地布局、在面料市场选择面料、在陈列室评审样品、在零售市场采购样衣等等,这些事情都应该在现场解决。

现场性的另一层意思是,如果遇到需要双方或多方同时沟通和交涉的问题,则应该邀请委托方、承揽方或供应商一起出现在现场。特别是一些紧急的问题,比如面料开裁时发现的色差、批量生产时出现的工艺效果与设计意图不符、专卖店货品调整等,更应该各方人员一起在现场拿出对应的解决办法。如果管理人员只是坐在办公室里凭想象发号施令,很多问题是不能得到满意结果的。这也体现了设计业务的服务性特征。

三、管理方法

管理学已经是一门成熟的学科,具有完善的理论体系,很多内容都可以应用于设计业务管理。由于设计业务所对应的工作内容、工作方式和人员结构等具有一定的特殊性,与之配套的管理方法也应该有所调整和侧重,否则,就事论事地实行所谓的管理,容易出现不着边际或难以互动的"两张皮"现象。一般来说,服装设计业务的管理方法主要有以下一些:

(一) 统计法

统计法是指以事实为依据,运用一定的统计工具进行信息的采集与分析的方法。搜集、整理和分析客观事物在总体数量和质量方面的资料是统计工作的基础,统计得到的数据必须准确、客观、典型。统计法主要是为后续管理措施的出台提供必要的客观依据,因而显得比较理性。在设计业务中,统计的对象主要来自于三大类:一类来自于委托方,一类来自于市场,还有一类来自于设计团队。内容可以根据需要解决的问题而事先设定,主要包括人员变动情况、利益变动情况、客户变动情况、目的变动情况、市场变动情况、财务变动情况等,有些内容可以从社

会上公布的统计表、统计图、统计手册、统计年鉴、统计资料汇编和统计分析报告中获得。

（二）进度法

进度法是指对照工作计划,根据当前工作的实际进展情况与未完成工作之间的关系,监督工作进展程度。对于设计机构来说,完成设计业务的最大挑战是如何高效地利用各种资源。迎接这一挑战的任务是正确把握每个项目或每个工作环节之间的关系,合理安排和协调这些项目的整体和局部进度。一些规模不大的设计机构往往面对一些大型设计业务力不从心,因为这些设计业务可能会占用设计机构的很多资源,有些设计业务虽然单项规模不大,却有可能同时进行,造成设计资源的枯竭。进度法的目的是从管理的角度,在充分掌握每个项目各工作环节实际进度的基础上,协调和提高设计资源的利用效率,针对可能出现的问题,提出整改措施(图6-4)。

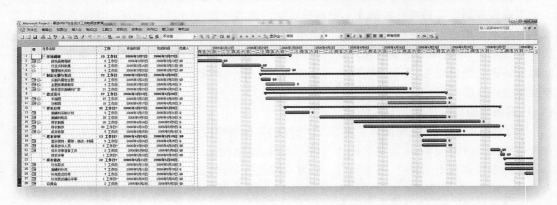

图6-4　使用 Microsoft Excel、Microsoft Project 等专业软件对项目进度进行科学管理

（三）制度法

制度法是指利用事先制定的一些办事规程或行动准则,要求所有相关人员共同遵守的管理办法。在不触犯相关法律的前提下,设计机构可以自行订立一些能够把一切工作行为都纳入管理范围的规章制度。在执行这些规章制度之前,首先要反复论证它们的可行性及其可能存在的漏洞,如果发现问题,必须及时补救。随后要面对新老员工开宗明义,宣讲这些制度的必要性以及触犯制度的严肃性。制度管理可以减少人情因素的干扰,有利于公正公平地对待每一位团队成员,对提高工作质量和约束工作行为都有明显的好处,一旦有任何违反管理条例的行为,都应该根据相关的条款来处理。但是,设计工作有其自身的特殊性,管理制度不能成为束缚设计思维发挥的绳索。

（四）考核法

考核法是指根据事先审定的考核指标,在工作时间进行到一个阶段或一项工作内容全部结束时,对照实际情况进行考核的方法。对设计业务进行绩效考核的主要目的有两个,一个是了解设计团队或个人的专业能力,一个是寻找运作环节中可能存在的问题。考核法一般需要配合明确量化的考核数据,其难点不在于考核的过程,而在于作为考核目标的这些数据是否科学合理。目标定得过高或过低都将使考核失去意义,因此,目标的制定者必须十分了解专业知识,拥有实际操作经验,使得作为一个带有控制和研究性质的考核机制能够更好地有利于完成每一项承接下来的设计业务。同时，通过考核可以发掘出整个团队的工作潜力，找到与其他同行存在的差距，纠正不正确的工作观念。

第三节 资 源 环 节

设计资源是一个十分宽泛的概念，一切有利于设计业务的资源都可以被认为是设计资源。关于资源，已经在第三章第二节服装设计业务导入中，论述了有关资源准备的问题，本节只是一个目的在于再次引起业内重视的补充。在很大程度上，一个设计团队掌握资源的多少及其水平的高低，是决定它能否取得成功的关键要素。

一、资源的作用

对于服装设计业务而言，资源主要可以分为人力资源、信息资源、产业资源、社会资源四大类。每一类资源都有其特征，在性质与规模不同的设计团队或设计业务中，不同类型的资源在设计业务中发挥的作用也不相同。概括起来，用于服装设计业务的资源主要有三个共性作用。

（一）基础支持

设计资源是对设计业务的基础支持。从设计业务的工作特征来看，一项设计业务从开始到结束，都是各项资源的合理调配和使用，离开了这些资源，设计业务也就不复存在了。但是，无论对于设计团队还是某项设计业务，并非资源的使用越多越好，不仅会牵涉到使用成本的问题，而且会出现资源拥堵现象，反而不利于设计工作的正常开展。因此，设计资源仅仅只是设计业务的基础，如何用好这些资源大有学问。

（二）实力显示

雄厚的设计资源可以向外界显示自己的实力。对于设计机构来说，设计资源就是他们拥有的财富，也是战胜同行的条件。在实践中，许多设计机构都会在初次接触委托方时，以各种形式显示自己拥有丰富的设计资源，比如拥有为数众多的设计师、见解非凡的品牌顾问、流畅无阻的信息渠道、随时待命的供应商甚至性能优良的专业设备等等。这种实力炫耀的目的就是为了证明自己的专业能力和过往业绩。

（三）提高效率

经过合理配置，真正有效掌握的设计资源确实能够起到提高工作效率的作用。效率是设计机构赖以生存的前提，为此，优秀的设计人才可以提出绝妙创意，最新的信息资源可以抢得时间先机，良好的产业资源可以提供配合服务、丰富的社会资源可以左右逢源。在设计方案所需要的创造性、准确性、效率性、可行性等方面，只要使用得当，这些资源就能体现优良的设计资源所具备的魅力。

二、获取资源的原则

既然资源具有那么好的功效，必然会成为行业竞争的对象，尤其是业内比较稀缺的资源，更是成为企业用来克敌制胜的杀手锏。反过来说,资源的数量又是极其庞大,种类极其繁多,泥沙俱下,玉石混杂,因此,获取资源应该依据一定的原则。

(一) 方便性原则

资源不是用来作为供人观赏的摆设,它的主要功效是利用,而且应该方便利用。虽然有些资源的品质很好,但是却因为这些资源的所在地遥远、使用成本高、配套要求高等原因,使得对其使用变得可望不可及,这种名义上拥有的资源只能在承接业务时,吸引对方时使用下,不能成为真正解决问题的利器。为了达到方便利用的目的,设计机构必须建立这些资源之间的有机联系,时常维护和更新资源的内容。

(二) 成本性原则

在市场经济时代,从理论上来说,在不违反国家法律的前提下,只要有足够的资金支持,任何资源都是可以得到的。但是,商业行为总是要求计算成本,优质资源的功效固然很好,但是,其使用成本必然高昂。而且,优质资源组合未必一定能得到优异的结果,比如一个设计团队里个个都是设计大师,反而不利于大量基础工作的展开。因此,使用过多或过好的资源会形成资源浪费,使用过少或过滥的资源会使得结果不尽如人意,这些都需要管理者很好把握。

(三) 内容性原则

服装设计业务面对的是作为快速消费品的服装,其中的内容往往需要不断翻新。虽然从专业角度来看,某些资源的陈旧内容具有较高的专业水平,但是,那是极有可能成为被市场淘汰的对象,将会失去利用价值。因此,无论是流行信息、专利技术,还是人才结构、专业知识,都存在着必须及时更新、防止老化的问题,选择设计资源的原则之一是应该带有一定的预见性,使得对资源的投入能够在相当长一段时间内物超所值。

三、使用资源的方法

资源在设计业务中所具有的举足轻重的作用是有目共睹的,为了高效地正确使用来之不易的设计资源,应该采取一定的方法,而不是听之任之或无意而为。

(一) 确保重点法

确保重点法是指在不能有效地满足所有工作环节对资源渴求的情况下,确保重点环节对资源的首先使用、优质使用和长期使用。即:集中优势兵力,解决重大问题。设计方案非常讲究特色,不仅是产品创意上的特色,还包括表达方式上的特色等,如果没有了特点,设计方案就没有了亮点。确保重点,就是为了保持设计方案中的某些亮点,调集所有力量,避免出现资源分流现象。

(二) 定期更换法

服装企业利用量最大的资源一般都是非自然资源。非自然资源存在着老化问题,有些非自然资源甚至在短时间内就会老化甚至无用,比如信息、材料等,需要不断更新。事实上,更新资源的成本较大,并非轻而易举之事,有些资源,如人脉资源也不是短时间内可以建立起来的。因此,在财力可以承担的情况下,逐步更新资源,确保更换资源的工作不至于影响到正常的业务工作。

(三) 广开渠道法

对一个企业来说,资源总是不嫌多的。多一份资源,就是多一份保障。为此,在业务不太繁忙时,管理者应该注意发动全体成员合理合法地开拓新的资源渠道,保证新的资源能够不断地进入视野范围。比如经常派出人员主动参与一些专业展会、主动通过原来的社会关系进一步打开社交圈、自发地进行专项市场调研等,将这些新的资源信息进行整理、分析和归档,留作日后备用。

（四）突击招募法

　　一个设计机构一般不会在业务量正常的情况下,聚集一批空闲的业务人才,一旦遇到超出自己能力所及的业务,往往会不知所措。此时,可以通过向外部散发信息,采取突击招募的办法,招募临时性的业务人才(图6-5)。不过,这种方法带有一定的风险,主要是因为对应聘人员的情况不太熟悉,难以在短时间内获得理想效果。为了保险起见,应该把新聘人员分散到各个团队,考察其实际能力。

图6-5　灵活利用优良设计资源是提高效率、节约成本、保证质量的有效方法

（五）即算即用法

　　设计资源往往十分昂贵,如果经常性地随意使用,势必加大业务成本。比如国外著名流行预测机构发布的流行信息出版物或网络会员资格,或者委托供应商专门打样等往往需要比较高昂的成本。但是,如果为了节约成本而放弃使用这些资源,就会影响业务完成的质量。此时,管理者针对某项具体业务,应该仔细核算分摊成本,只要能应付得过来,还是应该购买这些资源,为赢得业内良好的口碑打下必要的基础。

第四节　跟　单　环　节

跟单是指以订单为依据,委托方派出专门人员,在业务完成的现场,从业务的起始一直到业务的结束,全程跟踪业务流程和监督业务质量的行为。其目的是确保业务的按时按量按质地圆满完成。一般来说,委托方派出人员的责任心比承揽方的责任心更强,也更能理解业务的具体要求,有些业务跟与不跟的效果差异很大。在实践中,跟单的特点是事情不大却责任不小,工作不难却比较繁琐。

一、跟单原则

大部分跟单工作一般是由专职跟单员完成的,往往也需要专业技术人员协助。跟单工作有时大权在握,有时充满挑战,有时孤立无援,有时左右逢源。为了确保跟单工作安全、准时、保质、保量地圆满完成,跟单员必须在跟单过程中遵守以下几条原则:

(一)坚持性原则

跟单员在外跟单期间,必然会遇到形形色色的问题,有些是技术方面的问题,有些是生活方面的问题,有些甚至是法律方面的问题。还要与当地各式各样的人打交道。在遇到比较重大的问题时,跟单员应该注意工作条理有序,遇到问题要坚持原则和坚守底线,在不违反法律法规和保证人身安全的前提下,做好详细的工作记录,保留必要的证据,尽可能维护本方的根本利益。

(二)灵活性原则

由于跟单员经常会遇到许多大大小小需要处理的问题,往往会显得手忙脚乱。此时,跟单员可以根据业务的轻重缓急,在问题预期可控的情况下,适当采用比较灵活的策略,抓住主要的原则性问题,放松一些次要的非原则性问题,使场面出现可以回旋的余地。不管处理什么性质的问题,应该注意发表意见的态度和技巧,避免激化矛盾,注意和对方处理好正常的工作关系。

(三)果断性原则

由于跟单员孤身在外,往往在遇到紧急问题时,既不能十分清晰地向总部表述问题的全部细节,也不能非常及时地得到总部的明确指令。此时,跟单员应该遵循"将在外,君令有所不受"的原则,根据现场发生的实际情况和自己的从业经验,从强烈的工作责任感出发,分析和认清问题的性质和程度,向对方当机立断地做出决策性处理意见,防止错误的进一步扩大。

(四)自律性原则

跟单员在外面的一切行为代表着本方的企业形象,不论从个人言行或者处事方式上,应该严格自律,注重维护个人信誉和公司形象。在执行跟单任务的过程中,务必对公司忠诚、负责,不能在外界因素的利诱下,为了个人利益而出卖公司利益。由于跟单员的处理意见对业务的进程和结果有很大影响,往往成为承揽方拉拢的对象,如果意志不够坚定,比较容易发生职务越权甚至职务犯罪。

二、跟单要点

根据外发业务的不同性质、不同内容以及承揽单位的实际情况,跟单的要点也是不同的。一般来说,无论怎样的跟单内容,跟单工作都有以下几个共同的要点:

（一）保持单证齐全

单证是在跟单工作的执行过程中发生的技术文件，包括各种凭证、票证、单据、报表等，还有实物样品、工作日记、交接记录等，必须一份不少地妥善保管，直至超过法律有效期。保留好这些单证的目的是为了可以随时随地查证跟单工作的每一个执行环节，总结工作经验得失，保护商业机密，维护正当权益。如果缺少了这些物证，在解决重大纠纷时，往往会将自己处于非常不利的被动地位。

（二）借助专业工具

专业工具可以使跟单工作更为专业化，可以解决不少日常性和重复性的工作，从而减轻工作强度，提高工作效率，减少出错的可能性。比如：网络跟单系统就是这样一种专业工具，专业跟单网站还能提供跟单业务的丰富资讯，大型服装企业还可定制跟单软件，帮助企业解决跟单过程中的大小杂事。平时，跟单员也可以根据自己的工作习惯，配备一些便于工作的常用工具。

（三）掌握时间节点

时间节点是跟单工作的要点。任何工作都有时间上的要求，经济活动往往不是单方面的行为，它会牵涉到产业链上发生联系的各个方面，一旦出现了交期延误，对方将有可能追究经济赔偿责任。为此，跟单员需要经常性地检查每一个环节，如果发现问题，必须及时与对方交涉，提出整改意见，必要时，应该请示总部的意见，有预见性地重新调整原定计划。

（四）业务能力要求

做好跟单工作的最重要一条就是：勤于检查每一个细节。因此，平时如能经常检查，看看物料是否正确、尺寸是否准确、款式是否错误、做工是否细致、颜色是否偏差、辅料有无用错、时间是否按期等，是做好跟单工作的基本要求。此外，在外语水平、专业知识、职业道德等方面还需要具备一定的能力。

1. 外语水平

由于一些进口设备、品牌标识或图案中有不少外语词汇，为了不至于出现拼写或理解错误，跟单员要有较好的外语基础，掌握一定的专业外语词汇，至少要求具备能够借助专业外语字典看懂外文资料的能力，以及简单的外语口语。

2. 专业知识

跟单员应该熟悉服装专业知识，了解服装生产基本流程，从接单、打样、备料、排料、排花、开裁、扫粉、车缝、熨烫、修片、检验、手工、后整、查货、包装、条形码，一直到成本资料及工作总结，必须做到心中有数，便于今后发现问题。

3. 职业道德

跟单员必须奉行良好的职业道德，不能收取承揽方请客、送礼、娱乐等任何形式的好处，谢绝一切与工作无关的事后承诺或附加优惠，维护本方的利益和形象，秉公办事，控制成本，尊重职业操守。

三、跟单内容

设计机构遇到的跟单工作一般包括设计跟单、样品跟单和生产跟单，都有各自不同的内容。无论怎样的跟单任务，其完成的主要标志一般都是符合质检标准的货品安全到达指定地点后即告结束。当然，其中也不排除发现问题后的返工程序。

（一）设计跟单

设计跟单是指对外发的设计业务进行跟踪和指导。对设计机构来说，这类跟单任务比较少见，因为跟单的对象总是本方难以完成而需要外发的工作，设计业务则是设计机构的强项，一般不会让"肥水流入外人田"的外发业务之类的事情发生，但是，有些紧急业务或者是高难度业务不得不寻求外援，并且必须在对方场地完成该业务时，设计跟单也就随之而生。

（二）样品跟单

样品跟单是指根据设计图纸，跟踪委托供应商加工制作样品的全部过程。一般来说，少量且简单的样品并不需要跟单，只要经常与供应商保持联系，或采用异地跟踪的方法即可。不过，如果遇到某些面大量广和交期紧急的样品，特别是遇到有些非常复杂而需要经常性地保持当面沟通和指导的样品时，同样需要派专人进行实地跟单，确保样品的准时保质地顺利完成。

（三）生产跟单

生产跟单是指针对正式投产的大批量产品进行全面生产流程的跟踪。这是服装行业的主要跟单任务。一般来说，如果设计业务的委托方来自于某个服装企业时，批量生产过程通常由委托方自己完成，并不需要设计机构派人跟单，但是，如果委托方是非服装行业的其他行业，比如银行、航空公司等，由于他们往往缺乏服装专业知识，可能会要求承担设计的一方同时承担跟单或监制任务。

四、跟单程序

跟单程序是指事先制定的执行跟单任务的工作步骤。从理论上说，正确的跟单程序可以保证跟单工作的正常进行。不过，在实践中，跟单程序不是一成不变的，它可以随着实际工作进程的向前推进，根据实际需要，做出适当的调整。在此，以最常遇到的、也是相对复杂的服装生产跟单为例，将其程序分为以下几个步骤：

（一）日常工作程序

1. 资料准备

全面准备并了解订单资料，确认所掌握的所有资料之间制作工艺细节是否统一、详尽。包括委托合同、生产工艺、确认意见、更正资料、最终确认样或面辅料样卡等，遇到特殊情况时，可携带客户提供的样品。对指示不明确的事项应该及时地详细反映给相关技术部和业务部，以便得到及时确认。

2. 了解对方

事先尽可能多地了解承揽方的生产能力、经营现状、设备状况、人员状态等情况，并对对方各方面的优势和劣势进行充分评估，检查本方所有要求与对方现有条件是否匹配，充分地预先估量工作中发生潜在问题的可能性，完善细化前期工作，尽量减少乃至杜绝其发生的可能性。

3. 开展工作

在相应的业务开展之后，跟单员应该以预防问题的出现为主旨，按照事先预订的工作步骤，检查和督促对方的工作流程，充分防范工作风险。在对方提出新的要求时，除非出现万不得已的情况，不能随意越权表态，遇到此类问题应该及时向总部请示，等待并传达总部的决定和意见。

4. 沟通协调

跟单员与对方负责人要经常保持密切的工作联系，在解决发现的问题时，必须把握基本原则,注意言行得体,态度不卑不亢,严禁以任何主观或客观理由对对方有过激的言行。出于对双方的利益着想,在保证本方基本利益不受侵害的前提下,将问题带来的损失降到最低限度。

5. 每日工作

跟单员每天要详实记录工厂裁剪进度、投产进度、成品情况、投产机台数量,总结当日工作结果,制定明日工作方案。根据大货交期事先列出生产计划表,并按生产计划表落实进度并督促工厂。

6. 配合巡视

针对委托方代表或总部巡检员到现场所提出的制作、质量要求,跟单员要配合、监督、协助承揽方落实到位,并及时将改进后的生产进度等情况如实向总部汇报,以便总部掌握实时现状,进行动态管理。

7. 布置生产

在承揽方做产前样的同时,要求其负责人安排备料,认真布置每一道工序的任务安排、交待需要注意的事项、每种物料的用量及各工序生产工时,十分齐全地收集将其作为成本核算的每一项基本资料。

8. 业务总结

跟单员对生产过程中各环节(包括总部和委托方的各责任部门)的协同配合力度、出现的问题、对问题的反应处理能力以及整个定单操作情况进行总结,以书面形式报告总部主管领导。加工结束后,详细清理并收回所有剩余面料、辅料(图6-6)。

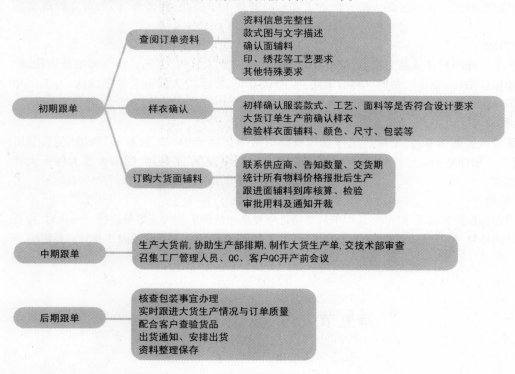

图6-6　跟单流程图,应根据实际的情况、要求进行适当调整

（二）验货工作程序

1. 原料检验

　　面辅料运到对方场地以后，跟单员应该督促工厂在最短时间内，根据本方的发货单详细盘点货物，合格后由对方负责人签收。若出现短码、疵点或色差等现象，跟单员必须亲自参与查验并确认。

2. 打产前样

　　如果对方在生产前没有打过样品，应该要求迅速安排人员打出投产前的产前样进行确认、封样，并将检验结果书面通知对方负责人。必要时，还应该将产前样交至总部或委托方确认，整改无误后方可投产。

3. 校对样板

　　承揽方进行排样后，跟单员应该对实际排样进行实地察看，观察其耗料是否合理，督促其节约使用，杜绝浪费，并给予确认意见，详细记录后的耗料确认书由承揽方负责人签名确认，并通知其开裁。

4. 核实用料

　　根据双方确认后的用料单耗，跟单员与承揽方共同核对面辅料的溢缺值，并将具体数据以书面形式通知总部。如有缺料，应及时落实补料事宜并告知承揽方。如有溢料，则告知对方生产结束后须退还。

5. 初期检验

　　裁剪结束以后，跟单员应该在投产初期必须到每个车间、每道工序高标准地进行半成品检验，一旦发现问题，应该及时向承揽方负责人和相应管理人员反映，并监督、协助对方的落实整改工作。

6. 首件检验

　　在每个车间的首件成品下线后，跟单员要对其尺寸、做工、款式、工艺进行全面细致的检验，出具检验报告书（大货生产初期／中期／末期）及整改意见，经承揽方负责人签字确认后，工厂和总部各留一份。

7. 成品检验

　　成品进入后整理车间，跟单员应该在现场随时检查实际操作工人的修补、整烫、包装等质量，并且要不定期地抽验已经包装好的成品，做到有问题早发现、早处理，尽最大努力保证大货质量和交期。

8. 出货检验

　　大货包装按照装箱要求完毕后，跟单员要将订单要求和裁剪明细与装箱单进行一一核对，检查箱内货品的每色、每号是否相符，并做好确认标记，如有问题，必须立刻查明原因并及时协商解决。

第五节　内务环节

　　为了让专业人员专心做好专业工作，提高工作效率和工作价值，设计机构一般会配备专人做一些内务工作。相对来说,一般内务工作的技术要求不高,主要负责一些服务性工作,因此,设计机构可以聘请一些善于做公共服务工作的人员,承担配套服务工作。不仅能节约人员成本开支,也符合社会分工越来越细化的趋势。

一、内务原则

设计机构的内务工作难度不高,除了财务工作和技管工作有较强的专业要求以外,其他工作的通用性较强,一般不需要特别的资质。当然,大型设计机构还是需要高水平、高素质的内务工作人员。

(一) 配合性原则

由于内务工作比较琐碎繁杂,与设计业务相比,属于非核心的工作配角,一般都是一些细水长流的平常工作,经常被领导甚至同事随意使唤,而且不易出现标志性工作成果,因此,担当内务工作的人员往往没有工作的成就感,日长时久,可能会出现不安心或不尽职的工作现象。为此,管理者应该首先明白系统的重要性,善于发挥每个岗位的工作积极性,平时要充分尊重内务工作人员的人格平等。

(二) 保密性原则

设计业务是有关产品开发的前期工作,正在进行中的工作内容、工作方式和工作进度往往是同行很想了解的内容,具有较高的商业价值,一旦泄密,将有可能给本方和委托方带来名誉上和经济上的很大损失。由于内务工作人员经常有机会接触到设计业务的具体情况,管理者应该设置保密规定,并对他们进行一定的保密教育,区分职责权限。必要时,可以在聘用合同中特意写明有关保密条款。

(三) 勤勉性原则

设计机构的设计人员可能执行比较灵活的弹性工作制,或者经常去外埠出差,经常会因为工作性质的关系而丢三落四,而内务工作人员的工作时间一般都是朝九晚五的定时工作制,工作内容也比较固定,因此,他们往往承担着更多的看家护院的责任。这就要求在工作中尽量做到细心、周全、勤勉,比如每天例行检查电器插座、及时更换饮用水桶等,增强主人翁意识,在第一时间内排除安全隐患。

(四) 合理性原则

从工作量上来看,每项内务工作的忙闲不是十分平均。因此,在设岗时,原则上应该做到满负荷工作,才能节省人员开支。在工作量不足的情况下,可以把几项工作或长期或临时地合并起来,比如,秘书既能负责文秘工作,也能承担接待工作。或者采取半兼职的办法,即在完成主要工作的同时,分担部分其他工作,比如,前台接待员在做好礼节性接待工作之后,也能承担部分后勤工作。

二、内务内容

虽然内务工作不是设计机构的核心工作,但是,一个运作正常的设计机构却不能缺少必要的内务工作,其工作岗位的多少与工作质量的高低也会影响核心工作的完成质量。根据岗位安排,设计机构的内务工作主要分为财务工作、技管工作、文秘工作、接待工作和后勤工作。在此,没有将负责样板样衣的产品技术工作列入。

（一）财务工作

财务工作是任何一家企业的核心内务工作,是指企业再生产过程中的资金管理,它体现企业和各方面的经济往来关系。设计机构从事财务工作的人员主要包括会计和出纳,他们的主要职责是协助管理者清点、统计、调拨、整理企业家当,完成与税务、工商和银行等部门发生的日常工作,管理者通过财务人员来了解企业真实的运行情况,包括企业的资金流向、亏损盈利、对外结算、资产总量等,因此,财务人员是管理者的有力助手。

（二）后台工作

后台工作是指面向企业外部展示的基础性和专业性技术工作,比如企业官网的更新与维护、即时解答网络客户等。这些工作内容可以分为两类,一类是服装设计专业技术问题,一类是其他专业技术问题。前者可以由设计专业人员提供,如流行趋势分析、行业展会资讯等,后者可以由 IT 技术人员维护,如维护服务器运行、排除网站故障等。小型设计机构一般不会常设 IT 技术人员岗位,相关工作可以通过阶段性服务外包解决,但如果有即时客户服务内容,则非一般文员能胜任,需要配备专业人员。

（三）技管工作

技管工作是指企业内部技术设备的管理与维护。设计机构的设备并不复杂,主要是电脑设备、办公设备、绘图设备及其软硬件等,部分设计机构还有缝纫机、编织机等打样设备。事实上,由于一个普通技管工作人员的专业背景有限,只能做一般的维护保养,难以胜任高难度且全面性的技管工作。因此,设备齐全的大型设计机构应该同时聘请具有不同专业背景的技管人员,才能保证始终如一地正常开展。

（四）文秘工作

文秘工作是指辅助高层领导处理文件或安排工作日程等工作。文秘工作涉及面较广,事务较繁琐,要求能掌握公关与文秘专业的基本理论与基本知识,熟练运用各类办公自动化设备、办公自动化软件及电子邮件收发和处理技巧,具有较强的文字整理、文学编辑和新闻写作能力,应具备良好的记忆力以及对时间的分配,具有较好的英语口语、阅读和写作能力,并有较强的社交和公关能力,同时还要有较强的保密意识。

（五）接待工作

设计机构的接待工作主要是指前台接待。前台接待员往往是客户对企业员工的第一印象,因此,必须五官端庄、身材娇好、举止得当、言谈不俗、穿着得体、化妆适宜。一般要求是主动、有节地礼貌待客,遇到异常特殊情况必须向上级汇报,做好客人出入的信息统计,熟悉业务人员的职责、位置与电话号码,提供一般的查询服务并具备基本的保密意识,及时解决问题,发扬主人翁精神和责任感。

（六）后勤工作

后勤工作是指为集体维持最基本工作环境的工作。后勤工作十分繁杂,也比较辛苦,一般不需要太高的技术水平,工作内容包括清洁卫生、餐饮炊事、库房保管、消防安全、搬运移动、收发快递等。保持良好整洁和安全舒适的工作环境,排除核心成员工作上的后顾之忧,是后勤工作的主要职责。

本章小结

本章介绍了为正常开展服装设计实务而必需配备的辅助环节,资深设计师必须掌握和了解这些辅助环节的工作性质和工作特征,特别是对于将来有志于自主开业的设计师来说,更是需要懂得辅助环节对于主要环节在工作系统中的重要性,这是今后做好管理工作的基础。相对而言,与业务结果最直接关联的是采购环节与跟单环节,较为间接的关联是资源环节、管理环节、后台环节和内务环节。事实上,在不同的时段和不同的场合下,所有这些环节都发挥着各自的重要作用,都会转变为影响设计业务结果的重要因素。

思考与练习

1. 根据服装设计业务的系统工作特点,陈述每个辅助环节对于设计业务结果的主要利弊所在。
2. 结合具体的案例,分别在串行设计流程和并行设计流程中,画出辅助环节的接入节点示意图,注意它们之间逻辑关系。

第七章
服装设计业务的拓展实务

在做好基本设计业务的基础上，无论是企业设计团队，还是专业设计机构，为了更好地生存，求得自身的发展，总是希望在业务的深度和广度上有一些拓展。尤其对于后者来说，业务拓展不仅可以寻求新的业务范围，尝试新的业务形式，适合自身进一步发展的需要，还能不断开阔视野，做精做高业务水平，提高今后业务的含金量，更能够扩大自身在行业内的知名度，为获得业内应有的尊重奠定基础。

第一节 拓 展 条 件

由于从属于服装企业的设计部门主要是为了完成本企业的设计任务,很少需要他们主动向外拓展业务,因此,他们较少遇到业务拓展问题。相比前者而言,独立的设计机构涉及的业务范围更加广泛,能够帮助企业开发出更有亮点和新意的富有设计感的产品。为了更加清晰地讨论问题,这里所说的业务拓展,特别针对独立的服装设计机构展开。

从业务拓展所需要的内外部基础来看,服装设计业务的拓展需要以下一些主要的内外部条件:

一、外部条件

服装设计机构可以被看成是服装企业的外脑,使得服装企业可以用较少的精力放在设计上,而把资源集中到服装的生产和销售当中去。因为设计团队的管理和设计业务的管理本身就是一项十分艰巨的任务,面对的是易于变动的专业人员和复杂多样的工作任务,设计工作的本质也决定了设计管理的难度,它和通常意义的企业生产管理有很大区别,不是所有企业主和企业管理人员都能够应付的。

(一) 市场变化

在外部条件中,有一个最重要的因素,那就是市场变化。作为企业经营行为,服装企业的任何举动都需要得到非常充分的市场理由的支持,没有这一理由的支持,任何举动都是徒劳的,甚至是危险的。这里的市场概念可以被简单地理解为服装消费市场,其区域大小、商品流量、产品品质、风格取向、风土人情、消费习惯等等,都是未来服装设计业务的风向标。作为商品,服装离不开市场渠道,市场需求高于一切,任何业务拓展都不能脱离市场的可接受范围。大部分设计企划都是定位在能够更好地融入市场,更好地销售产品的基础上展开,要让商品被市场接受,要让品牌赢得市场,都需要通过更深入的调研工作,得到当地市场或服务对象所在市场的信息。此外,还要适当顾及服装配套行业的情况,如果一个地区的服装产业链比较完整,不仅可以节省业务成本,也能够提高业务质量。

(二) 业务来源

综合近年来我国服装发展的整体情况,在外贸服装受阻和内需市场提升的双重影响下,产品设计业务的需求正在增多。特别是一些严重缺乏设计人才的内地服装企业分身乏术,既无力培养专属的设计团队,也深知短时间内吸引优秀人才去当地工作的困难,亟需通过业务外包的方式,签约优秀的设计机构为其提供打造品牌的服务(图7-1)。随着国外服装品牌大量进入国内市场,竞争日益激烈,国内服装品牌为了寻求生存空间而不断地深入产品研发,不惜血本地打出品牌战略,通过市场推广提升消费者对品牌忠诚度。很多国内服装企业,尤其是一些从批发转向专卖、正在扩张生产规模或通过买下品牌贴牌权的企业,都需要自行开发产品。但是这些企业很多都不具备自主研发能力,过去都是以简单的摹仿和抄袭应对,难以满足变得更加挑剔的消费者的眼光,这就需要更多更好的高水平设计机构的参与,系统性地针对变化了的消费需求,开发符合潮流的产品,赢得消费者青睐。因此,在行业业务总量增加的前提下,设计机构的工作前景被看好,这是业务拓展的必要条件之一。

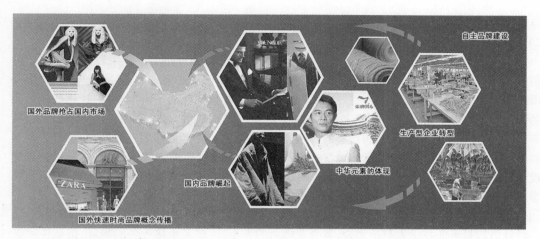

图7-1　在外脑帮助下国内品牌改变模仿抄袭的做法，转而深入产品研发、推广等系统性、规范性的品牌运作，在国外品牌纷纷进驻国内市场的背景下，做大、做强本土品牌

（三）行业需求

任何产业的发展变化都受到宏观经济的影响，一个国家或地区的宏观产业经济导向受到当地政府的控制，产业结构调整决定了服装产业在当地经济中的比重。对于服装设计机构来说，有着自己的专业活动范围，长途奔袭式地远赴外地拓展业务不仅成本增高，而且也不及以逸待劳的当地设计机构拥有的区位优势。如果当地政府将服装产业作为支柱产业，则一定有相关的配套措施予以支持，这些配套措施可以使当地服装产业兴旺起来。比如，我国由于沿海一带生产成本上升等原因，低附加值的服装加工业已经有意识地开始向中西部转移，新的服装产业集群将会出现在这些地区。如果在这些地区安营扎寨，能够带来不少工作上的便利，总的业务量也会增多。因此，从长远发展的眼光来看，设计机构必须了解政府的产业结构布局，利用产业政策的扶持，找到拓宽业务的机会。

二、内部条件

内部条件是指设计机构本身具备的拓展业务的基础和能力。事物的成功需要外部条件与内部条件的配合，两者促成了事物的平衡，如果外部条件一切就绪，内部条件却尚未成熟，等于一架天平因为缺少了一端砝码而不可能达到平衡。因此，拓展设计业务的内部条件也十分重要。一般来说，拓展业务所需要的最基本的内部条件主要有以下几个方面：

（一）业内口碑

设计工作的口碑是指客户依照时间、质量与成本等各个方面的规定性，对实际完成的设计业务情况做出并流传于业内的评价。俗话说："金杯银杯不如口碑。"口碑的好坏也决定了业务的多少和好坏。保持一个稳定提升的口碑是比较困难的，其关键在于，必须将客户的需要视为自己的需要，以非常认真负责的态度，加强与对方的有效沟通，通过一系列高水平技术手段，在合同规定的时间内，保质保量地完成全部委托任务。为了进一步提高业内口碑，在完成工作以后，还要在合同规定的跟踪服务之外，主动征求客户的意见，从客户的领导到基层工作人员，做一些调查和询问，必要时免费提供一些举手之劳的指导性意见或部分实质性工作，从而由对方之口,传播本方的良好职业形象。

(二) 资源积聚

资源积聚是指将各种有效而分散的可利用资源汇拢至积聚者门下。积聚资源是一项十分繁琐的工作,这也是一种工作能力的体现。这是做好一项工作的必要条件,其实质就是"团结一切可以团结的力量,集中优势兵力打歼灭战"。积聚资源的目的是为了利用资源,让这些经过整合的资源分散在各自的岗位上发挥应有的效能。资源的类别繁多,自然资源、社会资源、信息资源等等,它们分散地存在于社会和行业的各个方面,一旦手中有了足够的有效资源,就可以在一定的组织规则之下,促使其各尽所能地发挥应有的作用,做到"兵来将挡,水来土掩",任何难度的设计业务都可以迎刃而解。如果委托方不仅了解一个设计机构具有巧妙运用资源的能力,而且亲眼目睹其拥有资源的数量和质量,就能放心地为委以重任,将设计业务委托下去。

(三) 团队能力

设计机构是专业技术人员的集合,其专业能力的大小,决定了承接业务的难度,俗话说:"艺高人胆大。"只要手中能拿出绝活,就有信心接受新的高难度业务的挑战。高难度设计业务预示着高收益,设计机构的价值才能充分体现,在逐步提高设计业务难度的同时,设计机构的利润率也在不断攀升。为了提高设计机构的团队工作能力,企业高层可以适当整合人才结构,加强专业技术培训,制定具有一定束缚力的规章制度,提高团队工作的融合和默契的程度,避免彼此为个人利益而斗争或个人权力过大而影响到工作。在人员的培养过程中,要注意设计图稿、实物样本、语言修辞三方面的培养,尽可能讲究效率地进行信息交流传递,避免不必要的资源浪费,保证沟通的现实性和有效性,更好地在工作中彼此交换意见,以此培养设计团队有一个良好的心理素质,不因为一次工作的失败而失去努力工作的信心,也不因为外界的一些干扰因素而妨碍了团队的成长,让客户看到的是一支团结、智慧、阳光、高效的工作团队。

第二节 拓 展 原 则

几乎任何一个设计机构都希望快速拓展业务范围,增加业务项目,但是,业务拓展是一项长期性的日常工作,它建立在设计团队力所能及的工作基础上,不能急于求成,否则就会出现"欲速不达"的尴尬局面。因此,为了积极稳妥地做好这项工作,拓展业务的举措应该遵循以下几个基本原则:

一、循序渐进原则

在业务拓展之初,业务的数量与质量受设计团队的人际关系影响很大,其社会资源决定了业务的来源,整个设计团队的专业主攻方向以及专业技术范围也受到设计团队技术带头人的影响。通常来说,业务是客户委托的,承揽方一开始并没有太多选择权,名声和业绩一般的设计团队对业务的类型或数量很少有挑精拣肥的余地。只有在整个设计团队的业务水平上升到一定水准以后,才有可能接受更大更难的挑战。因此,普通的设计团队可以从单一型或简易型业务开始,在圆满完成业务的基础上,逐渐增加难度。这是因为在刚开始承揽业务时,设计团队不仅需要内部磨合,首先是要解决自身的生存问题。

目前我国国内服装企业产能过剩,进入国内的国外品牌越来越多,整个服装市场总量已近饱和。服装设计业务服务的主要对象是国内服装企业正在运作的本土品牌,在如此激烈的竞争环境下,国内服装企业的经营利润通常都比较微薄,他们发出的设计业务中所含利润一般也不高,任何环节出现的差错都有可能导致双方利益受损。因此,很多业务都要求在力所能及的前提下,采取循序渐进的方式承接下来,做到"步步为营、稳扎稳打"。

二、力所能及原则

在进入了业务拓展期以后,表明设计机构已经积蓄了一定的能量,需要寻求合适的能量释放口径,更大地实现自己的价值。为了避免出现根本性错误而使经营业绩返回低点,为了不至于错失扩大战果的良机而适时大胆出击,拓展新业务是重要的发展途径。但是,由于此时设计机构的综合基础往往并不非常扎实,一个重大的决策失误可能会将其打回原形。因此,面对某些诱人的设计业务,设计机构必须仔细斟酌,在权衡其利弊得失之后,做出力所能及的取舍决定。

具体来说,应该根据整个服装行业的现状和市场流行趋势的变化,结合自己的综合实力,特别是技术能力,将某些业务的眼前利益和长远利益相结合,理解目前的大小业务与未来业务的相关性,懂得"抓大放小",提高客户质量,必要时做出适当的让步,甚至干脆放弃或转手某些并不适合自己的业务,求得业务的数量与质量在整体上获得最高的性价比。

三、边际突破原则

当业务拓展获得成效,并且逐步稳定之后,实际上设计机构已经牵涉到自身发展战略,究竟是坚持专一经营,还是推行多种经营,往往是颇费周折的问题。一般来说,在经过了一定时间的有效拓展而受到业界尊重之时,为了发展战略的需要,设计机构可以采取"精深纵向、拓展横向"的策略,谋求边际效应,拓展自己的专业地盘。

精深纵向是指努力将纯粹的设计业务做精做专,为企业直接解决产品开发中的疑难杂症,成为行业内真正的专家。拓展横向是指在纵向稳固的前提下,尝试跨界合作,拓宽多种业务范围。比如,设计机构可以从单纯的设计业务,拓宽到企业管理、市场营销、商业展示、技术培训等领域,甚至从设计、生产、销售到推广,自己直接运作品牌。也可以从服装跨界到家具、景观、媒体等领域,在更为宽广的天地中,寻找新的发展机会。

第三节　拓　展　要　点

尽管业务拓展的方法对于取得实际业绩来说至关重要,但是,实际执行情况往往不是以本方意志为转移的,任何一个小小的插曲都有可能改变原先预计的业务拓展进程。此时,如果能够掌握一些工作要点,就可以在一定程度上化险为夷,获得工作的主动权。一般而言,在业务拓

展过程中,应该注意以下几个工作要点:

一、注重团队形象

团队形象是指反映给外界的团队各方面状态的整体印象。从团队成员的精神状态,到团队工作的硬件条件;从团队获得的各种荣誉,到团队拥有的企业文化;从管理制度的落实情况,到运作流程的细枝末节,都是团队形象的一部分。其中,特指团队成员的素质涵养与技术能力。素质涵养包括了文化品位、语言举止和个人形象等,技术能力包括了以往业绩、专业设备和专业资质等。人们总是乐于与形象良好的人形成友好合作的伙伴关系,尤其是在当前越来越注重形象的社会环境下,"视觉营销""读图时代"大行其道,团队形象能够促使对方在无形中对本方产生信任感,特别是面对初次接触的新客户,有意注重和塑造团队形象,将对拓展业务带来很大的方便。

二、坚持诚信为怀

诚信是维护社会和谐稳定的基本准则,也是许多商业工作的游戏基础,能够反映一个设计团队的工作风格。在很多情况下,行业圈子很小,无论是熟悉或不熟悉的人,往往会因为某些因素而撞在一起。行业内部经常传播着各种信息,一些人们感兴趣的话题会迅速成为互联网热炒的题材,特别是一些理由不够充分的失信之举,常常会在好事者之间快速传播,成为人们小心提防的对象,所谓"好事不出门,坏事传千里"。因此,由于谎言或大话在这种情况下很容易被轻易识破,面对客户必须以诚相待,互通有无,将不时出现尔虞我诈的商业关系尽可能变得单纯清澈,虽然要注意自我保护,但是不可设置陷阱,在能够保证自身利益的情况下,把一些实际情况多和客户沟通,把费用的收取、服务的内容和相关的原则性问题都向客户通报清楚,使得客户在愉快中接受本方的提议。

三、保持鲜明特色

特色是吸引客户的基本条件,也是设计工作的重要标志。设计特色既可以是设计工作的结果,也可以是设计工作的过程,但一般特指前者。作为一个专业性设计机构,本身要有特色服务和特色产品,不能够使自己的工作结果等同于一般的企业产品开发部。由于服装设计业务本身就是一项讲究特色的工作,客户委托设计业务的理由往往也是为了寻找具有设计特色的设计结果,在接受服务的过程中感受到一些特别的东西,补充自身企业的不足。当然,设计工作的特色是有限度的,其底线是必须能够让客户愉快地接受。如果只是为了特色而特色,一味追求新奇另类的结果,或者是刺激怪诞的风格,那么,这种所谓"特色"就变得毫无价值可言,客户将会对此"特色"嗤之以鼻,甚至在业务出现过分"特色"而难以接受的情况下,单方面要求中止业务或提出索赔。

四、经常知识充电

知识充电是通过一定形式,对团队成员进行专业知识更新的活动。为了及时赶上快速变化着的时代步伐,知识充电是从事专业技术的工作人员必须开展的经常性工作,特别是对于非常讲究流行的服装设计业务来说,新观念、新风格、新材料、新趋势一直不断地涌现,更需要设计师经常性地进行知识的补充。需要补充的内容主要包括专业技能、专业知识、业内动态和流行信息,也可以适当外延至宏观经济、邻近行业甚至商品检验等领域,只有在企业内部形成一种可行制度,这项工作才会奏效。在业务拓展时,如果对方是服装企业或业内专家,那么,专业知识的更新就变得更加重要,一旦他们发现对方的专业知识已经落后,那就不可能会将新业务委托出去。相反,如果他们发现对方对最新的相关知识都能娓娓道来,将很容易因此而委以新业务。

五、整合团队

整合团队是在知识充电等方法难以很快奏效的情况下,通过调整内部人员结构,进行业务能力的整合,为迎接新业务的到来而主动开展的积极举措。拓展新业务,意味着业务范围可能会发生新的改变,原先工作团队拥有的工作经验已经全部或部分地不再适用,这一举措的前提是要求设计机构高层人士非常熟悉每一位团队成员的专业背景、知识结构、工作能力和为人处世,并且善于处理人力资源事务,否则,新的人员结构非但不能奏效,还极有可能产生人员不合、结构重叠等新的矛盾。整合团队的实质是"让适合的人员做适合的工作",根据团队成员的特长,针对业务的不同要求来整合小组,通过消化和吸收一些先进的管理概念,建立起良好的沟通方式和合理的信息传递方式。把机构功能向符合客户需求的方向调整,使得整合好的团队可以从头到尾地完成一项具体的工作。

六、升级换代

升级换代是按照轻重缓急,对出现问题的工作要素进行有序提升,创造一个能够承接更高要求业务的新平台。升级换代主要表现在软硬件两个方面,首先是作为软件的工作理念的升级换代。由于业务拓展的需要,新业务可能是原来未曾遇到过的,原来的工作理念可能已经不再适应新的业务,必须采用新的工作方法来解决。这是设计机构等头脑型企业最为重要的"软实力";其次是作为硬件的工作条件的升级换代。优良的工作条件是承接大型化或高难度业务的必要条件,一旦既有量变又有质变的新业务开展以后,特别是需要制作高水平样品的业务,原来的工作场地或机器设备可能应接不暇,如果缺少了某些必要的硬件条件,委托方在视察现场时可能会拂袖而去,因此,必须更新和补充这些硬件条件,才能做到"手握金刚钻,敢揽瓷器活"(图7-2)。

图7-2　硬件设施的完备使得团队能够更高效地开拓业务,更好地应对不同的项目需求

第四节　拓展渠道

业务拓展是一项长期而艰苦的工作,除了需要一些基本条件和原则以外,还要有正确的渠道。业务拓展的第一步是获取业务需求信息,因此,业务拓展渠道首先是掌握获得业务需求信息的通路。这种通路既可以是直接的,也可能是间接的,关键在于其价值的大小和关系的亲疏。一般来说,由于获取信息的方法不同,信息的来源和质量也有差异,目前,人们获取信息的手段主要有三种:一种是检索媒体,一种是人际交流,一种是亲身体验。一般来说,拓展与服装设计有关业务的渠道主要有以下几个方面:

一、社会渠道

社会渠道的含义很广,这里主要是指服装行业以外的各种社会事件、社会行业和社会关系。服装行业是连接在市场经济网络上的一个结,服装产品、销售通路及其从业人员与这一网络有着千丝万缕的联系。通过平时的关注、积累与交往,人们可以从中发现自己所需要的业务线索,并以此为起点,顺藤摸瓜,找到设计业务的需求者。

(一) 社会事件

社会事件每天都在发生,经过新闻媒体的报道,传播到社会的角角落落。这些社会事件就有可能包含了与服装设计业务相关的业务信息,比如,发生在我们身边的奥运会、世博会、国庆典礼等大型社会活动,必定需要出色的团体服装,包括主办者、表演者或参与者的工作服、演出服或团队服等(图7-3)。或者是比上述规模和影响小得多的社会活动,如即将举行的社区歌咏比赛、校庆文艺表演等,也需要崭新的演出服精心装点。

虽然在报纸、杂志、电视、互联网等大众媒体的报导和广告中,都能轻而易举地收集到类似信息,但是,如此得到的信息往往比较庞杂、琐碎、隐蔽,并且由于信息发布者的角度不同,针对性

图7-3　从多渠道的大众媒体报道中收集与服装设计有关的业务信息

较差,往往只能从只言片语中寻求所需要的内容。关键是要找到这些信息的源头,保证信息的真实性、可靠性和权威性。

(二) 社会行业

社会行业是指除了服装行业以外的其他行业,其覆盖面非常广泛。在日常生活和工作中,

人们将接触到各种各样的社会行业,从政府到学校、从银行到保险、从城建到工厂,都有制作团体服装的可能。比如,由大型企业合并而组成的新集团,也将以新的形象向世人亮相,极有可能需要设计新的服装。即使是即将开业的酒店或超市,也需要制作新的工作服。

通常来说,这些单位以前都有长期提供服装的企业,一般不会重新寻找陌生的供应商,但是,制服在一定程度上代表了企业形象,有些企业为了更好地展示自己的形象而会开展新一轮招投标,寻找更加合适的服装。只要设计团队的专业水平过硬,拿得出交口赞誉的优秀设计方案,在诚挚的态度和合理的价格引导下,就有打开缺口的希望。

(三)社会关系

社会关系包括亲戚、朋友、同学、领导等等,良好的社会关系是拓展业务不可多得的资源。设计团队的每个成员都有自己的人际交往圈子,这些人不但都是一个个信息源,同时又是信息的传递者,他们往往掌握着服装需求信息甚至决定这种需求的权力。有时,人脉关系决定了业务的最终流向,特别是在具有浓厚的人情意味的东方文化氛围里,良好的人脉关系在拓展业务活动中具有关乎成败的重要作用。

社会关系依靠平时积累,"做事先做人"的处事原则在此得到了充分的体现。尽管社会关系显得非常个人化,但是,作为企业行为,业务拓展活动所需要的社会关系可以采取比较职业化的方法,依靠良好的企业口碑,达到面大量广地积累社会关系的目的。比如设立专门部门或责成专人负责与可能成为业务来源的个人联络感情,促使对方在第一时间向自己传达业务需求信息。

二、行业渠道

行业渠道是指服装行业本身的信息来源。服装产业链很长,服装企业因服装产品分类很细而显得专业性较强,服装市场因流行信息的快速更替而瞬息万变,服装设计人才因专业知识的不断更新而流动频繁,这些特点都决定了服装行业需要大量信息,与之配套的相关行业则研究和传播着各种信息。服装设计既是信息的使用者,也是信息的制造者,服装企业自然成为设计业务的需求者。

(一)专业机构

专业机构主要是指研究、发布和传播业内信息的研究机构或专业媒体,包括行业协会、研究院所、专业网站、专业杂志、专业频道、专业报纸等。这些专业机构依靠行业的景气指数生存,与服装行业内的主要企业有较多业务上或人脉上的联系,掌握着整个行业现状的基本情况。如果能与这些专业机构建立融洽的关系,就能在一定程度上获取设计业务的需求信息,成为拓展业务的可靠来源。

虽然这些专业机构较少直接发布设计业务需求信息,但是,从这些专业报道中,可以发现服装行业的热点地区以及这些地区的需求热点,比如,某服装产业集群严重缺少高级服装设计人才等报道,就是很好的设计业务需求信息。

(二)专业展会

专业展会包括各地举办的服装博览会、发布会、订货会等。此类信息来自于行业内部,可以通过经常参加此类专业展会,掌握一些企业在产品开发方面正在或者将要发生的情况,给自己的品牌制定产品设计策略做参考(图7-4)。由于新产品设计开发属于企业的商业机密,企业一般都会采取一定的防范措施,保证这些信息不外流,特别是行业内标杆性企业,更是在劳动合同中专门设有保密条款或竞业条款,因此,获取这种信息的难度较大。

在这些专业展会上,一般可以在浏览各企业的展位时,从展出的样品中看出对方的设计水平,判断其产品风格是否符合本方的路数,通过与对方参展人员进行一定的语言交流,探知对方的业务需求信息,从而找到拓展业务的契机。

(三) 市场信息

市场信息可以通过对市场的调研得来。如果带着拓展设计业务的目的进行市场调研,与一般的市场调研的内容有所区别,其重点将是观察每个品牌在零售市场上的销售表现,而不在于其销售的具体款式。通过对品牌的零售终端观察,可以从货品摆放、货品波段等店面现状或营业员的言谈举止中,发现一些能够反映该企业在产品开发方面情况的蛛丝马迹,并做出初步判断。随后可以将符合自己业务特长的对象拟定为业务拓展的目标,有的放矢地列为潜在服务对象,采取有效的方式与之联系。

如果在市场调研时发现某些品牌存在比较明显的可改进之处,就可以从这些品牌的产品吊牌上摘录所属企业的信息,通过一定

图7-4　通过参加各类专业展会掌握行业新动态,同时又是拓展企业业务的一个媒介

的社会关系,或者亲自造访,找到这些企业,说明来意,施展自己的沟通与谈判技巧,协商合作的可能性。必须注意的是,为了确保成功率,此类接触必须事先做好充分的准备工作。

三、客户渠道

客户渠道是指来自于已经发生过业务往来的企业或个人的业务需求信息。客户一般分为上游客户、下游客户和同业客户。在他们之间,上游客户一般不会直接提出业务需求,但是可能会提供一些业务需求信息;下游客户手中握有直接的业务需求,是设计业务的重点来源;同业客户一般没有直接业务需求,但是有可能会提出一些业务上的协作。

(一) 上游客户

上游客户是指为本方提供业务所需资源的企业或个人,一般是指提供面辅料的生产商或经销商、承接产品加工的服装企业等。由于这些上游客户接触业内企业较为广泛,他们往往比较了解某些企业的实际情况,比如面辅料供应商会掌握一些服装企业设计人员的专业水平、市场

销售的实际情况等,也可能更直接地掌握着对方最新的面辅料采购信息。

通过上游客户的牵线搭桥,可以拓展业务搜索视野。有时,客户在交谈中不经意流露出来的一句话,可能是业务来源的重要线索。拓展业务的关键在于本方团队是否具有足够敏锐的职业嗅觉,能及时地发现和有效地跟进,促使一个项目的达成。

(二) 下游客户

下游客户是指本方所服务的企业或个人,一般是指委托业务的企业、手握订单的个人、代理经销商等。这些企业或个人通常缺少产品设计能力,需要委托专业设计机构为他们完成产品设计工作。由于下游客户掌握着挑选承揽方的主动权,设计机构为了争取到这些业务,一般处于迎合的地位。

由于某些下游客户已经与本方做成业务,如果他们对上次业务质量非常满意,一般不会将下次业务轻易地交给陌生的设计团队而承担全新沟通的麻烦或业务质量的风险,总是希望有比较稳定的业务合作伙伴,甚至还会介绍新的客户,因此,充分重视下游客户在拓展业务中的作用,是有效完成业务拓展工作的重要基础。

(三) 同业客户

同业客户也就是人们常说的同行,一般是指具有与本方类似规模和能力的专业设计机构。通常情况下,由于受到"同行是冤家"观念的束缚,这些客户与本方经常处于竞争状态。事实上,这种观念应该被打破,双方完全可以用一种非常职业的开放气度,变竞争关系为"竞合"关系,在竞争中寻求合作,邀请竞争对手共同开发市场,协作完成有些自己无法完成的项目。即使是真正的竞争对手,也有可能为了共同的利益而走到一起。

此类客户可以从行业协会的成员中找到,大家坦诚沟通,惺惺相惜,相互提携,及时支援,必要时建立相互认同的某种竞业守则或合作形式,共同做大设计业务市场。

第五节　拓　展　方　法

在一定的业务渠道指引下,采用相应的业务拓展方法,可以提高业务拓展的成功率。由于业务渠道来自于不同方面,业务的性质也不尽一致,自身所处的发展阶段和业务专长也不相同,选择具体的业务拓展方法变得十分重要。对于某项同样的业务,设计团队采用不同的拓展方法,将有可能得到不同的结果。因此,合适的业务拓展方法犹如医生的对症下药,应该慎重对待。

一、加盟法

加盟法是指通过加入某个在名气、规模、能力或专长上胜于自己的设计机构,共同完成某项设计业务。由于对方的综合实力明显高于本方,此时,业务拓展应该以学习为主,适当放弃一些经济利益上的追求,做好"有所得必有所失"的思想准备,踏踏实实地做好配合工作。同样的情况也会倒过来发生,即联合一些明显低于自己,但在某些方面确有专长的设计机构甚至个人,共

同应对其此前本方没有遇到过的业务,利用对方的技术专长,解决自己无法解决的实际问题。

二、渗透法

渗透法是指本方派出少量人员,加入到委托方本身的设计团队内部,参与、配合或指导完成以对方为主要成员的设计业务。这种方法的前提条件是对方必须拥有自己的设计团队,邀请本方参与或配合的原因是因为对方缺少某些本方拥有的专业特长。比如对方是羽绒服专业品牌,但不懂本方擅长的针织服装设计。尽管此类业务完全可以外发完成,但是出于必须时刻保持现场沟通或设计任务十分紧迫等原因,有些企业愿意邀请少量外部人员加入本方团队一起工作。

三、蚕食法

蚕食法是指承接某项复杂设计业务中的部分本方有把握完成的业务,相对独立地分而食之,在本方团队得到技术练兵之后,逐步承接全部业务。面对某些比较艰难的设计业务,业务开拓者不能急于求成地生拉硬拽,更不该过于大胆地信口开河,否则,不仅可能严重耽误对方的真实需求,而且会损害自己在行业中的职业形象,成为业内耻笑的对象,对日后承揽业务行为产生极为不利的影响。

四、让利法

让利法是指从经济利益的角度出发,降低业务的利润率或放弃部分业务收入,以实惠的价格优势打动委托方,谋取新的业务。在设计实践中,有些业务并不完全是为了经济目的,甚至是免费服务的,比如,因承揽了世界博览会等大型社会活动的服装设计业务而获得的荣誉,其长远利益远比一时的经济利益高出许多。面对某些居高临下的重要客户,意欲拓展业务的设计机构应该适当放下身价。这里不存在涉及个人尊严的脸面问题,只是完完全全的职业行为。

五、围堵法

围堵法是指经过对各种情况的综合判断,当某项业务极有可能被本方取得时,立即集中力量,采取强力追随的方法。这种方法一般针对委托方要求完成设计任务的时间非常紧急,或者委托方为非服装行业成员。尽管如此,在执行围堵法时,务必注意所谓围堵的形式以及语调,切不可因为过于紧逼而使对方产生反感。只有让对方感受到本方的实力和诚意,才能放心地将设计业务委托出去。

六、联合法

联合法是指志向一致的同行机构联合完成某些高难度业务。这种方法必须建立在同行之间平等合作基础上,利益均分,工作分担。相对来说,成绩显赫的设计机构一般不需要刻意拓展业务,新的业务会慕名而来。而寻求业务拓展的设计机构往往规模不大,专业能力也十分有限,此时,这些设计机构应该形成某种形式的联盟,组成在业务上互补的联合团队,共同攻克难题。

七、延伸法

延伸法是指突破原有的业务界限,延伸至与主营业务有上下游关系的其他业务科目而拓展业务范围的方法。这种方法可以拓展全新的业务内容,为业务的深入化创造条件。当然,延伸不是漫无边际的,首先是在相对熟悉的专业范围,随后再逐步拓展到更广泛的范围。比如,由产品设计到产品包装、产品陈列、形象顾问、营销企划、生产监督、业务培训甚至财务管理。其难点在于必须取得对方对本方业务能力的信任,为此,必须有所准备,通过人才的长期引进或临时聘用等途径,储备专业人才。

八、跨界法

跨界法是指以主营业务为出发点,涉足原本不属于本行业的设计业务领域而采取的业务拓展方法,比如从服装设计跨入家具设计、从饰品设计跨入动漫设计等。为了确保跨界成功率,一般从具有较多共性基础的相近行业做起,比如可以先从服装设计跨入围巾设计,再跨入包袋设计或软装设计等,它们的共性都是与纺织面料有关。跨界也可以在行业跨度很大的范围内进行,比如从服装设计与艺术家的跨界合作等,不过这样做的风险较大,一般不为委托方认可,这种跨界往往是合作者自发的,其首要条件是需要联合实力相当的合作方。

九、细分法

细分法是指将设计团队的职能细分化,由专人负责专项业务内容,以更为强调专业性的专家形象,作为向外拓展业务的手段。此项工作在一些规模较大的设计机构里做起来比较顺手,如果是小规模设计机构,可以适当收窄原先的业务范围,将有限的人手聚焦于某些技术含量较高的项目,做精做深业务。经过一段时间的锻炼,在条件成熟之际,再扩大业务范围。所谓"伤其十指不如断其一指"。在成功案例的配合下,逐步树立起来的专家形象可以在业内博得信任。

十、合成法

合成法是指针对某项具体业务,调动所有方法中的有效成分,组合成更有指向性的方法。这种方法不在乎投入多少用于开拓业务的人员,而是讲究工作的实效性,类似于武术中"组合拳",具有实战性强的特点,一般在业务拓展计划进入到第二期时使用。在实践中,首期接触客户往往是并不清楚具体情况的试探性沟通,等到基本弄清情况以后,可以有的放矢地采用方法合成的概念,组合起有效的业务拓展攻势。

本章小结

尽管从属于服装企业的设计团队一般不具备业务拓展的积极性,但是,拓展业务几乎是每一家设计机构都迫切期待的。对设计机构而言,不断增加的业务数量以及业务质量不仅可以稳固和提升本身在业内的地位,还能够锻炼专业队伍,壮大团队力量,增加营业收入。对设计师个人而言,高难度设计业务对工作能力的提高颇有裨益。本章介绍了业务拓展的条件、原则、要点、渠道和方法,目的在于了解一些有关拓展业务的基本要求和通常做法。

思考与练习

1. 就一家独立的设计机构本身而言，拓展业务必须具备什么条件？

2. 结合当前行业形势，谈谈如何拓展新的业务范围。

3. 在拓展业务时，如何处理好新旧业务的关系？

FASHION DESIGN
第八章
服装设计实务的常见弊病

　　服装设计业务是一项充满创新性和挑战性的工作,它是对变动着的市场未来状况的预期,这项工作的本身在客观上就存在着很多的未知,比如服装流行预测业务往往需要提前至少一年进行。特别是独立的设计机构在开展设计业务时,往往要承接新客户的业务,对他们的企业实情和工作习惯等底细并不十分清晰,缺少熟悉的沟通手段。再加上本身专业能力或管理水平等方面也可能存在一定的问题,出现这样那样的问题是在所难免的。

　　为了减少设计业务的风险和维护客户的利益,设计团队应该尽量防止出现设计业务上的弊病。为此,首先要了解究竟哪些环节存在哪些可能出现的弊病,才能对弊病做到有效防止。本章将从设计业务的前期、中期、后期,以及设计业务的拓展环节、采购环节和管理环节,分别指出每个时期和每个环节的常见弊病,并提出一般解决方法。

第一节　前期实务弊病

设计业务前期是设计工作弊病的多发地带。俗话说："万事开头难。"由于任务不明，目标不清，在业务前期很容易出现错误。这里面的"开头"包含两层意思，一是对于工作团队而言，比如一个开业不久的设计机构或一个新近组建的设计团队，往往需要一定时间的磨合；二是对于业务内容而言，比如一项无论在类型上还是在规模上都未曾接触过的新业务，同样需要一定时间的摸索。

一、准备环节的常见问题

（一）方向不明确

方向不明确是指对于业务的发展方向或项目目标的认识模糊。做任何事情都需要找到明确的方向和目标，才能有的放矢地做好每一项工作细节。服装设计业务是一项工作目标十分明确的商业行为，自然也需要明确的工作方向。造成方向不明确的主要原因有两个方面：一是设计团队组建时间短暂。一个全新的设计团队难免需要一定时间的磨合，这一磨合过程不仅包括成员个性、工作方法等磨合，也包括今后所走的业务方向，后者需要在前者基础上，通过在具体的设计业务中表现出来的特色进行调整。就具体业务而言，在未与委托方反复沟通之前，设计团队也会对对方究竟需要什么东西产生方向不明确的疑惑。二是从未涉足过的业务领域。在业务来源、生计压力、内部实力以及业务专长还没有表现出来等各种原因的影响下，全新的设计团队会出现探索、尝试甚至争论。此时，即使遇到一个普通的新业务，也有可能因为缺少共识而绕弯路。面对一个从未接触过的业务领域，更会因为究竟要将此业务做成什么结果，或者究竟向哪个方面发展而心里没有底。即使委托方和承揽方已经就业务的内容、成果等细节问题进行过详细的探讨，但是，在上述两种情况的干扰下，出现业务方向不甚明了的问题也是在情理之中的。

克服这一现象的应对办法可以从三个方面进行：一是加强供需双方的沟通。面对上述原因造成的问题，双方可以对一些不明问题作更深入的讨论，直至弄清为止。起初的沟通可以采用一些最具典型意义的图形、其他参照物或初步成果，逐渐缩小范围，通过排除、添加等方法，修正和完善初步结果，到达目标的终端。二是寻求获得外界的支援。对于已经签署合同的一些难度很大并且自己一时无法解决的业务，可以通过寻求外界技术或资金等力量的支援，在甘当助手的过程中学习对方的经验，弥补本身在这些方面的不足。即使这样做的成本会增加，也必须尽力完成合同规定的内容。三是主动放弃并求得谅解。在权衡利弊之后，对于一些想尽一切办法也无法完成的业务，可以尽早告知对方，在取得对方谅解的基础上主动放弃，必要时给与对方一定的经济赔偿。不能因为强己所难地"完成"业务，给委托方造成时间、资金等方面的损失。

（二）准备不充分

准备不充分是指承揽方没有为即将展开的业务做好足够的准备工作。准备不充分是兵家之大忌，对于设计团队来说，则是一种企业文化的体现。服装企业的设计团队倚靠的是本企业的文化，优秀的企业文化建设将有助于形成一种良好的工作习惯。作为一个独立的设计机构，只要通过工商登记注册，就是一家企业，就应该在任何时候都要注意企业文化的建设，这是企业长远发展的需要。出现准备不充分的主要原因有两个方面：一是主观上过于轻视。由于经验丰富等原因，使得一些设计团队骄傲自大，对一些看似简单实为复杂的业务产生轻视。以往的成功经验将有可能导致人们对于不怎么吸引眼球的业务产生疏忽,认为完成类似业务是轻而易举之事,造成思想准备上的不足。二是因生疏而无法准备。没有相关经验会使得设计团队的准备工作无从下手。只有勇气而没有经验,往往会使人们看轻困难,对即将面临的困难估计不足。因此,无论难易或大小,在一项业务开展之前,都必须认认真真地做好各项准备工作。

准备不充分是现代商业竞争中十分忌讳的做法,古人即有"兵马未到,粮草先行"的训诫。解决这一问题的办法可以从两个方面进行:一是重视任何一项业务。必须在业务开始之前就对每一项业务给予充分的重视。思想上对业务的重视体现了业务人员对工作认真负责的态度,既是对对方负责,也是对自己负责,体现出诚信经营的准则,这也是企业文化的表现。二是摸清家底应对需求。设计业务,特别是大型设计业务,往往需要调配设计团队的全部力量,包括资源调配、前期调研、计划安排、项目经费等。摸清家底的目的是对其进行合理地准备和调配,切不可掉以轻心。有些业务往往会因为漫不经心而铸成大错,甚至影响到后续业务的展开。

(三) 谈判不熟练

谈判不熟练是指谈判人员无法控制业务谈判的进程和局面,难以达到预期结果。业务谈判是决定承揽方是否能够接到业务的关键,对于同样的谈判对象和相等的谈判条件,谈判技巧的熟练与否,将使谈判结果出现天壤之别的结果。谈判与沟通不同,它主要发生在两个时间节点:一是在签订业务之前,即为了委托或承接尚未到手的业务,双方进行的正式会晤;二是在业务行进当中,即为了解决由于在业务过程中遇到比较重大的问题而引起的纠纷。沟通是为了解决实际问题而随时可以进行的技术交流,在形式上明显比谈判更为宽松,并且主要是指在业务进行之中举行的。因此,无论对于承接业务还是解决纠纷,谈判是任何商业活动中必不可少的重要环节,虽然谈判的依据是以事实为基础的,但是其结果往往与谈判者的经验有很大关系。

遇到这样的问题,一般的解决办法是聘请谈判高手,在深入了解事由的背景经过和细节的前提下,一起制定谈判计划,并代表本方参与现场谈判。或者干脆实事求是地说明本方的要求、有礼有节地澄清事实,这种开诚布公的诚恳态度,也能获得对方的好感。

(四) 合同不规范

合同不规范是指签订的业务合同最一般要素不符合企业间通行的业务合同标准。合同是从法律上保证业务顺利进行的文书,缺少了规范的合同,在某些关键之处,比如目标任务、责任条款、验收标准、付款方式、解决纠纷等没有详细的可操作性或存在隐患,将会给业务的开展带来很大麻烦。出现这种情况的原因主要有以下一些:一是碍于情面,二是不懂法律,三是轻信对方,四是回避繁琐,五是做事马虎,六是担保虚假,七是利益诱惑等。因此,在业务正式开展以前,必须不厌其烦地详细商讨合同的每一个细节,在双方共同认可的前提下,正式签订规范详尽的业务合同(图8-1)。

技术服务合同基本内容

一、服务内容、方式和要求

二、工作条件和协作事项

三、履行期限、地点和方式

四、验收标准和方式

五、报酬及其支付方式

六、违约金或者损失赔偿额的计算方法

七、合同争议的解决方式

八、其他

(上述条款未尽事宜,如中介方的权利、义务、服务及其支付方式、定金、财产抵押及担保等)

图8-1 技术服务合同基本内容模块

　　一旦出现了合同上的问题,必须尽可能采取各种办法补救,不能抱着侥幸心理,祈求不会发生业务纠纷。这些补救办法包括更正条款、增加附件、解除、中止、转让等。在一般情况下,如果对对方有利,通常对方不允许做出以上举动,除非提出方主动减损部分利益,才会同意这些举动。

二、导入环节的常见问题

(一)调研不充分

　　调研不充分是指由于在业务的导入期没有经过详细有效的调研而引发的问题。在业务导入期,调研是一项应该引起足够重视的工作,其目的是为了了解对手品牌或市场的最新动向,结合以往的情况,为了对未来将要出现的状况做出判断提供可靠依据,所谓"知己知彼,百战百胜"。因此,调研的基础数据务必正确,才能保证调研结论的准确有效(图8-2)。如果调研数据不全面或者是失效的,将会对决策造成信息误导。造成调研不充分的原因有很多,比如,调研时间不够、调研态度不认真、调研经费不足、样本数太少、样本不典型、方法不正确、被调研对象不配合、调研场地发生变化等等。

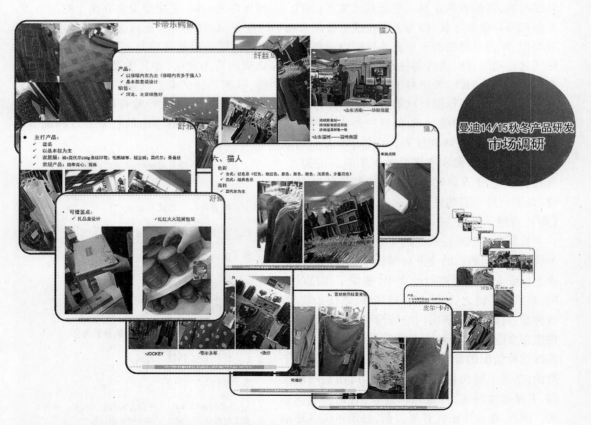

图8-2　客观、详细、深入地进行目标品牌市场调研是品牌研发过程中不可分割的重要环节之一

遇到此类问题,解决的办法是首先要估计调研工作的难度、时间、人力、物力等等,根据调研目的,预先设计调研的方法和路线,留出足够的时间和经费,争取被调研对象的全力配合。如果发现调研不够充分或数据不准,应该重新组织和实施再一次调研,直至满意为止。

（二）资源不全面

资源不全面是指用于完成业务的资源在种类及数量上不够充分。设计工作需要调动许多资源共同完成,而设计实务实际上就是开展设计资源的协同。如果没有资源,等于是手中缺少了必要的工具,要单枪匹马地完成一项复杂的设计业务,既不可能,也不现实,即使勉强得以完成,也势必会影响完成的质量和时间。造成资源不全面的原因主要有以下几个方面:一是社会关系缺乏;二是业务积累太少;三是地理位置不佳;四是产业配套不全;五是信息来源不畅;六是资源成本太高;七是资源功能失效;八是资源关系错乱。

遇到这样的问题,应该及时补充、更新和调整资源,确保完成业务所需要的足够的资源。具体做法有以下几个方面:一是尽力扩大业务交际圈,保证信息通畅;二是对以往积累的业务资源进行二次利用和再开发;三是将业务的触角伸入产业集群地区;四是清理失效资源,进行数据更新。

（三）数据不权威

数据不权威是指采集到的数据及其出处在业内没有足够的说服力。数据是十分重要的基础信息,也是人们做出科学而理性判断的客观依据,在当今信息爆炸的社会里,不是数据缺乏,而是数据泛滥,几乎任何数据似乎都可以通过网络等工具轻易得到。但是,这些轻易能够得到的数据往往是无效的,或者说是不够权威的,可信度不高,它们不但会造成误导决策的后果,而且会引起委托方对这些数据的怀疑。出现这种弊病的主要原因有以下几个方面:一是获取数据的方法不正确;二是对获取的数据不求证;三是轻易相信任何来源的数据;四是与权威机构或专家没有联系;五是为了节约获取数据的成本而以次充好;六是实地调研的数据不准确。

为了解决这一问题,设计团队应该注意数据的来源、质量和时间,耐心收集有效数据,防止失效数据,克服轻信道听途说的不良习惯,尽量不要引用不够官方的网络数据,对一些疑似矛盾或假冒的数据不要随便采纳,要经过一定程度的考证,必要时,应该花费较大的成本,有偿使用别人为之付出不少心血的数据。

（四）分析不彻底

分析不彻底是指对获得的数据或者现象没有进行详尽仔细的分析。分析是对数据进行加工整理所必须要做的工作,获取数据不是为了装点门面,而是要使用这些数据。面对口径、规格、来源等均不相同的数据,分析工作必不可少。如果对信息不加分析而直接采用,不仅会导致对数据的浪费,使数据没有起到应有的作用,而且,浅尝辄止的分析也会产生错误,影响人们对未来结果做出正确的判断。造成分析不彻底的原因主要是由于工作经验的不足、缺乏足够的耐性、没有正确的方法、任务期限紧迫等。

为了克服这一弊病,最常见的办法是首先要认识数据分析对工作结果的重要性,从思想根源上端正工作态度,其次是要借助一些必要的分析工具,比如统计软件等,设定分析路径,同时还要在设计团队内部进行充分的意见交换,就一些数据和现象展开认真的讨论,群策群力,以集体智慧弥补个人智慧的不足。

三、策划环节的常见问题

（一）预测不客观

预测不客观是指对未来形势的判断没有从客观实际出发而主观地做出抉择。虽然对未来形势做出预测只是整个设计业务的正式开始，但是，这是一个十分重要的环节，既能为紧接着的策划工作指明方向，为整个设计团队定下行动的基调，也是整个设计业务的首要成果，其准确性体现了策划工作的水平。但是，这项工作的难度很高，需要做许多包括市场调研和数据分析在内的基础工作，只有在上述基础工作正确的前提下，才能保证预测的客观性。导致预测不客观弊病的主要原因是：一是过分地狂妄自信，二是刻意凑合有利数据，三是轻信数据分析结果，四是被表面现象所蒙蔽，五是不在意客观事实，六是缺少实际工作经验。

解决此类问题的首要任务是应该时刻保持清醒的头脑，不要被所谓的经验所迷惑，让一时的表面现象遮挡住自己的眼睛，失去正常的判断能力。其次是不能为了一味地证实自己的判断而有意歪曲事实，避免采用生搬硬套的做法使数据错位，尊重历史，面对现实，善于接受与自己相反的观点。另外还要随着项目的深入，对原来的预测结果进行必要的纠正。

（二）定位不准确

定位不准确是指对消费者与品牌诉求的拟合度存在判断上的偏差。品牌定位是建立在对消费者的预期基础之上的。成功的品牌都有一个特征，就是以一种始终如一的形式将品牌的功能与消费者的心理需要连接起来，通过这种方式将品牌定位信息准确传达给消费者，以利于他们对品牌的正确认识。企业最初可能有多种品牌定位，但最终要建立在对目标人群最有吸引力的竞争优势上，并通过一定的手段将这种竞争优势传达给消费者，转化为消费者的心理认同。从某种意义上说，定位意味着一切，很多工作都是围绕着定位而展开的。定位不准确是品牌经营的最致命错误，其原因主要有以下一些：一是过于主观臆断，二是信息资料不全，三是周围环境干扰，四是分析计算错误，五是迷失目标顾客，六是判断犹豫不决，七是缺乏超前意识，八是过于粗疏简陋。

在此情况下，负责品牌定位的人员应该学会以全方位的眼光系统性地看待问题，尊重客观现实，学习现有成功品牌的做法，把这些品牌的成功经验与将要进行的设计项目结合起来，以比较理性的态度认识品牌定位的作用和规律，避免因为缺少可靠信息等原因而做出错误判断。

（三）逻辑不通顺

逻辑不通顺是指策划报告的内容在先后表述上出现矛盾。策划报告是将前期结果总结出来，供后续工作环节参照或执行的范本，在品牌的目标、诉求、任务、方法、指标等方面，绝对不能出现先后不一致的矛盾，一旦出错，将为执行带来不可避免甚至是不可弥补的损失。一份表面做得漂亮的策划报告即使出现逻辑矛盾，照样可以获得很好的眼缘，一般人难以察觉其中的逻辑错误，只有资深专业人士才能发现。出现逻辑矛盾的原因主要有以下一些：一是时间太短而粗心大意；二是环节过多而计算错误；三是经验不足而难顾前后；四是预审不严而蒙混过关；五是形式变化而不着边际；六是偏重形式而忽略内涵；七是认识不足而敷衍了事；八是数据不全而分析混乱（图8-3）。

要理顺策划报告的逻辑，首先要在策划报告正式递交给委托方之前，应该站在专业的角度，进行多次的内部预审，对报告中的每一个细节进行反复验证，前后对照着仔细推理，对于任何一丁点问题都要提出质疑,在得到充分而清晰的解释之后,才能放行。其次是要求将基础工作做得再扎实一些,反复计算,认真求证,将疑点解决在对方发现之前。必要时,应该外聘资深专业人士当顾问,挑拣策划报告书或项目过程中的毛病。

曼迪目标消费群、消费心理及行为特征调研问卷

亲爱的顾客:

　　您好!

　　为了进一步了解我国国内保暖内衣行业消费需求与消费心理,使曼迪品牌能够一如既往地为客户提供更好的产品,我们组织了本次消费调查。感谢您能够提供宝贵的时间帮助我们更好地改善工作,谢谢!

1. 您的性别:① 男　② 女

2. 您的年龄:

① 15～25 岁　② 26～35 岁　③ 36～45 岁　④ 46～55 岁　⑤ 55 岁以上

3. 您的月收入水平:

① 1 000 元以下　② 1 000～2 500 元　③ 2 500～3 500 元　④ 3 500～4 500 元　⑤ 4 500 元以上

4. 您喜好的娱乐方式一般为:

① 室内运动健身　② 家居休闲放松　③ 外出旅游度假　④ 亲人朋友聚会　⑤ 其他

5. 您的穿着风格喜好

① 休闲　② 运动　③ 个性　④ 时尚　⑤ 经典

6. 您一般多久购买一次内衣

① 一个月　② 一个季度　③ 一年

7. 您一般喜欢在什么场所买内衣

① 专卖店　② 百货商场　③ 服装市场　④ 时装店　⑤ 网购

8. 您能接受的保暖内衣价格范围

① 100 元以下　② 100～250 元　③ 250～400 元　④ 400～550 元　⑤ 550 以上

9. 您比较喜欢的保暖内衣面料(可选 2 项)

① 100% 棉　② 发热功能性面料如(莱塞尔发热纤维等)　③ 羊毛羊绒　④ 舒适性面料如:莫代尔、大豆纤维等
⑤ 护肤功能型面料,如:珍珠纤维、牛奶纤维等

10. 您比较喜欢的内衣色彩(可选 2 项)

① 红紫色系　② 蓝色系　③ 黄绿色系　④ 肤色系　⑤ 黑白灰经典色系

11. 您采购内衣时最关注哪方面的内容

① 设计细节　② 色彩　③ 做工　④ 品牌　⑤ 价格　⑥ 特殊功能

12. 您认为内衣店提供什么样的服务是需要的,但目前是缺少的

　　　　　　　　　　　　　　　　　　　　　　　　感谢您为公司提供您的珍贵建议!

　　　　　　　　　　　　　　　　　　　　　　　　　　上海曼迪服饰有限公司

　　　　　　　　　　　　　　　　　　　　　　　　　　　　　2014.7

图8-3　(曼迪目标消费群、消费心理及行为特征调研问卷模板)可以通过目标消费群的调研问卷调查,充分掌握该消费群消费心理及行为的特征,从而为品牌准确定位提供强有力的支持

(四) 表达不专业

　　表达不专业是指在策划报告的格式上没有达到专业表达的水平。策划工作的结果是以策

划报告书的形式体现的，策划报告的规范与否，不仅能体现设计团队的专业水平之高低，而且对执行结果的好坏有很大的影响。尽管行业不同，但是品牌策划报告的基本格式应该是大同小异的，如果委托方发现承揽方连策划报告书的格式或板块也会出错，就会怀疑承揽方的专业能力是否合格。出现表达不专业的原因主要是由于工作态度不够认真而引起的。因为服装行业的策划工作不如有些投资更大、技术更高的行业那么复杂，策划报告的格式也不十分复杂，只要参照一份成熟的样本，就能做得很好。另外，专业能力有限也是主要原因之一，即使尽了最大的努力，也会因为专业水平低下而使很多细节出现破绽。

针对这一问题，解决的办法主要是端正工作态度，明白策划报告的重要性，以"勤能补拙"的精神，认真对待第一次向委托方正式展示的工作结果。至于专业水平有限，则可以请专家辅导一下，参阅相关行业的优秀策划报告，以谦虚的态度，处理好对于设计师出身的策划人员来说可能显得有点枯燥的策划报告书的编写工作。

（五）观点不鲜明

观点不鲜明是指策划报告中缺少明确的说法。策划报告是很多品牌设计项目向委托方呈现的第一次成果，对于委托方而言，他们并不希望看到的策划报告中没有十分明确的观点，只有似是而非、蜻蜓点水般的说法，这些过于模糊的观点将不足以让人信服，无法确定投入实现这些观点所需要的巨资。即使策划的结论是采取中庸保守的战略，也应该在表述中明确地表达出来，说明以此作为品牌卖点的理由。但是，这并不意味着为了突出所谓的观点而故意地制造观点，这种不负责任的做法反而会适得其反，为目标实现阶段留下不小的隐患。造成观点不鲜明的主要原因包括：一是对客观事实观察不清；二是因性格软弱而缺乏主见；三是为求稳妥而趋于保守；四是不符合某些时代潮流特征；五是主观认识水平有限；六是误解委托方的旨意。

解决这一问题的方法有以下几个方面：一是采用头脑风暴等方法，鼓励内部成员大胆地提出自己的主意，梳理亮点；二是捕捉其他标志性品牌的特点，进行有选择地应用和拓展；三是尝试逆向思维或怪异思维等方法，从现状的对立面思考现状的将来结果；四是加强与委托方的沟通，掌握其心理特征，以满足客户需求为重要目标。

第二节　中期实务弊病

设计业务中期进入了人们比较熟悉的实质性的"设计阶段"，预示着以图形为主的设计工作拉开了序幕。这一阶段的工作是建立在市场调研、策划报告等工作结果基础上的，如果说前期工作得到的是比较宏观的结果，那么这个阶段将会得到比较微观的结果，也就是实实在在的设计图稿。由于设计图稿比较具体地体现了设计结果，委托方将以更加挑剔的眼光，审视这一阶段的工作结果（图8-4）。因此，为了提高工作效率，设计团队需要将更多的精力用在这一工作环节，同时也要尽可能避免这一阶段经常容易发生的一些问题。

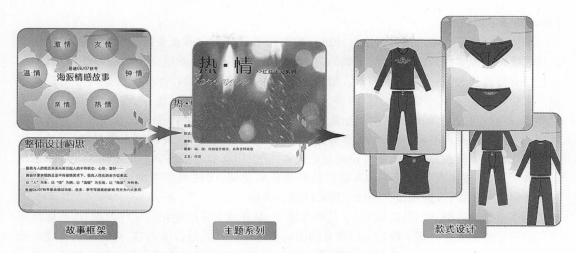

图8-4 在品牌产品策划、主题故事等框架的规范下进行产品设计更系统、更高效

一、设计环节的常见问题

(一) 结果偏方向

结果偏方向是指设计执行的结果与策划报告中的要求不一致,或者是设计的产品与故事板的内容不吻合,以上现象都是所谓"两层皮"。策划报告是品牌运作的纲领,故事板是产品设计的指南,如果设计的结果出现了"两层皮"现象,前面的工作等于无效,而且会使设计行为漫无目的,在对品牌风格的把握上造成很大障碍。造成这一弊病的主要原因有:一是团队成员对策划报告不理解,专业水平较低,或者看不懂故事板的内容。二是策划报告本身不符合客观实际,表达不清晰,不符合逻辑,或是故事板本身无操作性,华而不实,缺少使用指南。三是设计师不习惯在策划报告或故事板的指引下工作,喜欢我行我素。

面对这一弊病的解决办法是:一是提高设计团队的整体专业水平,培养系统工作的习惯。二是提高故事板的表达能力,做到美观与实用结合,并建立故事板的使用规则。三是重视策划报告的条理性和逻辑性,做到真正能指导实践。四是加强不同工作环节成员之间的沟通与协调,充分理解对方的真实意图。

(二) 草图数量少

草图数量少是指可供选择的设计草图数量太少,难以从数量上保证质量。草图是表现服装设计思维的载体,最终设计的结果需要从大量草图中挑选、深入,发展成为符合要求的款式。在认真工作的前提下,数量可以在一定程度上保证质量,设计师应该毫不吝啬地用草图记录设计思维的流出,久而久之,将会养成"潮如泉涌"的思维特征,这是设计师难能可贵的工作习惯。出现这一问题的主要原因是:一是设计师对工作没有热情,不愿意多画草图。二是设计任务的时间偏紧,设计师没有时间画更多草图。三是设计师以电脑等耗时较长的工具绘制草图,挤占了有效思维的时间。

解决这一问题的常用方法是:一是提振工作情绪,以饱满的工作热情投入工作,把工作看成是一种享受。二是合理安排时间,不要因为任务偏紧而失去利用草图思考的时间。三是不要依赖于电脑等比较复杂的工具,养成徒手画草图的习惯,这是设计师最重要的基本功之一。

（三）图稿不规范

图稿不规范是指用于正式表达设计思维的图稿不符合行业或企业的通行要求。图稿是将设计思维转化成实物的媒介,上面记载的内容与形式必须符合行业或企业的最一般规范,如果委托方有特殊要求,还要用特别的形式增加特别的内容,这是在设计工作上应该遵守的游戏规则。一份完整的设计图稿需要很多内容,比如细节放大图、面辅料标注、关键部位尺寸、工艺要点等等,有时在这些方面所花的时间比完成一幅彩色效果图还多。图稿不规范主要表现为内容缺项、主次不分、条理不清、画面混乱等等,其主要原因有:一是缺少很好的工作习惯,设计工作始终处于非专业状态。二是不懂行业或企业规矩,缺少相互学习的环节。三是缺少必要的工作条件和工具,造成表现效果低下。四是设计任务比较紧张,无法精心考虑许多表现上的细节。五是畏惧复杂工作,逃避规范化图稿上要求的细节内容。

为了克服这一弊病,可以采取以下几种办法:一是养成非常职业化的工作习惯,以高标准要求图稿的表现结果。二是了解行业内优秀的图稿表达形式及其包含的内容,弥补自己在此方面的不足。三是借助必要的专业工具,在工作上创造正确表现图稿的客观条件。四是端正工作心态,把正确完整地表现全部设计内容看成是设计师必须完成的工作。

（四）工艺不可行

工艺不可行是指由于设计图稿上的款式与制作工艺相互矛盾而在客观上无法实现。这是不熟悉制作工艺的设计师经常犯的错误。工艺是实现服装设计思维的保证,设计师在设计图稿上所画的每一条线、每一个点,都必须考虑到采用什么样的工艺去实现,这也要求设计师必须熟悉每种工艺的具体做法及其可能出现的效果。画稿上再完美的设计效果,缺少了工艺上的可行性,等于是空中楼阁。造成工艺不可行的主要原因包括:一是设计结果在空间关系上出现空间矛盾,在客观上不存在如此形态。二是现有技术不可能达到过于理想化的设计要求,设计图稿与现实状态不吻合。三是现有材料的性能难以与理想中的材料性能匹配,使制作结果始终有词不达意之感。四是现有设备存在着工艺上的局限性,不可能获得设计师希望得到的结果。五是设计师的专业知识比较贫乏,对工艺的极限或种类缺少了解。

解决这一弊病的途径主要有以下一些:一是设计师必须加强专业知识的积累,不要因为指定不存在的工艺而出现令人啼笑皆非的尴尬局面。二是样品制作部门应该尽可能创造硬件条件,配合实现设计师的构思。三是设计师应该踏实诚恳,不要过于异想天开地为样品制作环节增添额外的麻烦。四是企业应该提高设计师的专业水平,对于某种设计上的不确定性,尽可能使其得到证实。

（五）表达不全面

表达不全面是指设计报告中的某些设计内容缺项。在图稿阶段,设计师一般总是喜欢以比较写意的手法表现头脑中的设计构思,普遍不喜欢花很多时间去精细地描绘具体的设计细节,以为前者是体现设计师价值的地方,后者只是工匠般的繁琐劳动。因此,设计师往往会遗漏或者省略一些细节的表现,使得设计画稿总是缺少某些必要的东西。但是,这种结果往往会使样板或样品等后续工作无法进行。出现表达不全面的原因主要有以下几个方面:一是设计师在思想上不重视,工作方法不科学。二是设计工作缺少必要的配套条件,在客观上造成诸如无面辅料样品可选等缺点。三是设计工作随意而为,没有养成很好的工作习惯,缺少一套完善的项目完成标准。

弥补这一弊病的主要方法有：一是提高设计师对工作要求的认识，懂得全面表达设计结果的重要性。二是加强设计准备环节的工作，使设计工作得到强有力的技术支持。三是仔细检查设计终稿的每个方面，不要出现因疏忽而遗漏内容等低级错误。四是事先树立工作标准，成为对照和检查设计结果的依据。

二、沟通环节的常见问题

（一）准备太草率

准备太草率是指承揽方在沟通前的准备工作不够充分而与委托方出现不应有的分歧。在服装设计业务中，及时有效的沟通十分重要，它可以减少理解上的失误和方向上的偏离，承揽方应该在每一个工作节点，与委托方进行不同目的或不同程度的沟通。这种沟通的发起者应该是承揽方而不是委托方。如果是委托方提出沟通请求，说明承揽方至少在工作的主动性上已经出现了问题。沟通的时间应该按照合同约定的时间进行，承揽方必须经常注意事先约定的沟通时间节点，才不至于导致对方主动提出而使本方陷入被动局面。因此，合同是双方合作的非常重要的工作依据。出现准备太草率的主要原因有以下几个方面：一是在工作态度上过于轻视与委托方或协作部门进行技术交流的重要性。二是因业务过于繁忙而疏忽了计划中的沟通时间。三是由于没有养成规范的职业行为而不知如何进行沟通前的准备。四是因为工作拖拉而没有时间准备沟通的细节。

为了克服这一弊病，一般采取以下一些方法：一是经常注意整个设计业务的时间节点，特别要关注双方事先约定的沟通时间。二是养成良好的服务意识，真正把客户的利益放在重要位置。三是在与委托方正式进行沟通前，准备好各种汇报材料和附件，并进行认真的彩排，发现问题及时纠正。四是抓紧工作节奏，培养"宁可人拖我，不可我拖人"的工作态度，把工作做在前面，掌握工作的主动性。

（二）表述不自信

表述不自信是指实施沟通过程中主要汇报人员表现出来的不自信。在沟通活动中，充满自信的表述是打动对方的重要因素，对项目执行的结果被对方愉快地接受起着非常重要的作用。如果项目执行者对项目的结果缺少必要的自信，则不可能打动将要接受项目执行结果的项目委托方。当然，自信不等于自负，两者有着本质的区别。前者是建立在深入工作和全面掌握基础上的信心，后者是缺乏工作深度或狂妄自大的盲目乐观态度。因此，汇报者在沟通中的表述必须表现出有根有据的自信。造成表述不自信的主要原因有：一是汇报者并不熟悉汇报内容，在汇报过程中经常出现停顿或语义不清。二是汇报者专业水平有限，无法正确解释一些专业性很强的问题。三是缺少沟通前的彩排，因无法解释临时发现的问题而心生胆怯。四是汇报者本身缺乏沟通技巧，不能胜任需要智商与情商结合的沟通工作。

纠正这一弊病的主要方法有以下一些：一是认真对待沟通中的彩排环节，对其中的关键内容做到烂熟于胸。二是精心挑选表达能力强和形象好的团队成员，充当主要汇报人，先入为主地给人以专业、亲切、可信的感觉。三是花大力气做好做细有关项目的各方面内容，使汇报者做到在沟通前就底气十足。四是邀请谈判经验丰富的人员组成沟通小组，作为应急人员，化解主要汇报者可能遭遇的尴尬局面。

（三）手段太陈旧

手段太陈旧是指用于沟通的方法和工具过于老套而使对方疲惫或厌烦。服装设计业务的沟通过程比较讲究视觉效果上的新奇,如果在沟通时能够配合一些让人欣喜的方法或工具,可以在无形中为沟通结果加分。比如,灵巧漂亮的投影仪、制作精美的电子文件、男女搭配的幽默语言等(图8-5)。虽然沟通的手段在对方接受项目执行结果中不是起决定因素的,但是,良好的沟通手段能够为沟通效果起到锦上添花的作用,相反,过于陈旧的沟通手段则让人乏味。造成手段陈旧的主要原因有:一是承揽方的信息闭塞,不了解同行业竞争对手采用的先进手段。二是缺少设备更新的资金,难以提升必要的硬件设备的档次。三是汇报者的思维习惯于墨守成规,既不善于总结经验,也无能力进行创新和突破。

图8-5　时尚、现代化的硬件设施为沟通带来更良好的感觉,从容、自信的交流更容易得到聆听者的首肯

为了克服这一弊病,承揽方应该注意以下几个方面:一是经常关心业内动态,通过各种场合的技术交流,了解当前在同行中间流行的各种专业上的做法。二是善于总结经验,对每一次正式沟通的结果进行反思,保存优点,消除弱点。三是相信形式与内容的相关性,明白"红花需要绿叶衬"的道理,使沟通结果获得应有的肯定。四是敢于创新和探索,学会经常否定自己,形成具有一定的具有本方特征的沟通手段。

(四) 重点不突出

重点不突出是指无法使对方明白沟通的重点内容究竟在何处。设计项目中的重点是委托方十分关心的内容,包括目的、方法、标准、成果、结论等。如果在汇报完成以后,委托方仍然不知道汇报的重点在哪里,或者不明白每个部分的核心所在,将会陷入一片迷茫之中,不知道自己想要得到的结果在哪里,项目结果自然也就无法获得令人满意的评价。造成重点不突出的主要原因在于:一是汇报者对项目执行结果的凝练不够,以报流水账的方式,陈述沟通的内容。二是汇报者逻辑混乱,无法将汇报的内容理出一条清晰的思路。三是项目执行的过程本身就陷入一种混乱状态,没有很好地塑造重点。四是承揽方自身缺乏必要的专业水平,无法知晓不同类型的项目重点在哪里。

克服这一弊病的常见办法有:一是发挥集体智慧,进行畅所欲言的内部讨论,认真领会委托方提出的要求。二是梳理每一个项目环节,对其中出现的疑点进行重点突破。三是在沟通前进行彩排,在熟悉沟通内容的同时,找到沟通的重点。四是紧扣合同规定的内容,不要因为忽视合同而不知不觉地偏题跑题。

三、评审环节的常见问题

(一) 流程不专业

流程不专业是指评审活动的整个流程不符合行业内通行的一般规定。正确的流程是保证一件事情在预定轨道上进行的必要措施,虽然严格执行流程似乎显得有些刻板,随随便便地处理事情似乎能带来不少方便,但是,这种任意而为非但不能养成良好的工作习惯,而且还会因为不成规矩而使工作更加忙乱。评审是一项非常重要的工作,工作流程的专业与否,对评审结果将产生一定的影响。如果评审的流程矛盾百出,效率低下,出现问题的一方势必会被对方藐视。事实上,很多事情正是因为有了必要的流程,才能获得长久的成功。引起流程不专业的主要原因有以下一些:一是平时工作习惯随意性强,缺少一定的计划性和规范性,也没有可以参照的模板。二是由于自己的孤陋寡闻,并不了解行业通行规矩,无法察觉已经存在的问题。三是不知道或者不重视一个规范的流程对于评审结果的重要性,使得原先不错的项目执行结果因为流程的低下而贬值。四是执行项目的时间紧,不得不在客观上简化某些必须的流程。

为了消除这一现象,在评审过程中应该注意以下几个方面:一是平时要始终注意养成尊重职业操守的好习惯,以高标准要求自己的一言一行。二是经常与同行保持联系,注意行业内发生的新动向,不要落伍于行业规则。三是从主观上认识和重视评审流程对于评审结果的相关性,为设计团队辛勤工作的结果锦上添花。四是尽可能控制好工作节奏,为执行标准的评审流程创造客观条件。

(二) 统计不准确

统计不准确是指对评审过程产生的各项数据产生了不应有的偏差。数据是许多分析或决策工作的基础,数据是否准确,将直接影响后续工作结果的准确性。评审过程中产生的数据是对项目执行结果的量化,也是评审者作出决策的判断依据。这些数据的内容、范围、数量将根据项目性质的不同而不同,比如对设计画稿的评审和对样衣的评审,参评者的范围或评分的标准及形式等都有所不同。即使都是对设计画稿的评审,也会因为最初画稿或最终画稿而使评分标准或统计数据各取所需。出现统计不准确的主要原因有以下一些:一是取样标准不清晰,造成参评人员错误理解而不得不做出错误判断。二是参评人员没有按照要求给出自己的数据,出现缺项或误写等情况,造成无效数据。三是评审过程过于随便,出现评审的草率、中断、改期、拖延等情况,无法获取有效数据。四是数据统计人员没有收齐能保证评审活动有效性的足够数据,或者在做数据归拢时出现操作失误。

要使评审工作中的统计环节做到准确无误,必须注意以下几个方面:一是在评审工作开始之前,事先制订一些需要得到数据的类型以及数据的数量,并且要保证这些数据是有意义的,不要做无谓的劳动。二是在参评人员正式给出数据之前,再次解释评审规则,在统一的标准之下,要求每位参评人员独立地完成评价。三是以正确完成评审流程为前提,检查数据是否是在这一规定下产生的。四是统计人员应该按照要求,客观、仔细而完整地做好统计工作,坚决剔除无效数据。

(三) 言论不民主

言论不民主是指评审活动进入到议论阶段时,参评人员不能畅所欲言地发表自己的意见。评审活动中的议论环节是参评人员相互交流看法,充分表示自己观点的工作阶段,其目的并不是完全为了统一意见,而是让大家了解别人就同一个问题有什么不同的见解,起到提醒、解释、征询等作用。如果此时的言论氛围比较压抑,或者出现了压倒性的"一言堂",则无法使参评人员平等地发表自己的意见,久而久之,评审工作将会异化,普通评审人员的表面迎合或漠不关心,将导致评审结果的片面化。出现言论不民主的主要原因有以下几个方面:一是主要参评人员的权力过于集中,其倾向性明显的率先发言有意无意地剥夺了他人的话语权,客观上造成普通参评人员失去了评议的积极性。二是参评人员的知识背景不够专业,或者对整个项目情况不熟悉,因为怕说错话而故意缄口。三是具有家长制倾向的企业文化导致了员工们习惯于唯唯诺诺,即使他们有值得借鉴的意见,也不愿意发表。

为了群策群力地做好项目结果的评审工作,应该在评审中注意以下几个方面:一是高层参评人员不要急于发表意见,而是从基层人员开始,逐一提出自己的见解,最高领导做最后总结,这也是规范化评审流程的内容之一。二是选择专业背景相当或工作岗位对口的人员参加评审,无关人员尽量回避一些重要的评审活动。三是平时应该注意培养平等温和、积极向上的企业文化,避免给普通员工造成不应有的心理压力,让他们有表现自己的主观愿望。四是营造轻松、活跃的评审工作环境,注意劳逸结合,不要因为评审工作过于冗长而使参评人员产生疲劳。

(四) 评审不及时

评审不及时是指没有按照规定的时间完成评审工作,一般是指拖延评审。评审是对前面阶段工作成效的总结,只有通过了评审,才能进入下一阶段的工作环节。由于评审结果将关系到后续方方面面的工作环节,因此,为了保证评审结果的有效性,评审工作必须及时进行,在精心组织和周密安排之下,才能保证评审工作的不被延误。导致评审不及时的主要原因有以下几个方面:一是团队工作协调性差,出现了快慢不均,迫使快速完成的工作环节等待尚未完成的工作环节。二是参与评审的主要人员因各种原因而无法参加评审过程,使得评审工作不得不延期举行。三是策划方案出现了临时性调整,造成前面完成的工作作废,不得不使以前做的工作从新开始。

解决这一现象的主要办法是:一是项目管理者要注意协调工作进度,保证整体上的时间节点变化掌控在合理的范围内,特别要注意控制在并行设计模式下进行的各个环节的工作进度。二是要提前做好评审组织工作,把评审工作的每一项内容进行事先安排,尽量避免出现主审人员缺席等情况。三是尽量保证前期工作的有效性,不能因为那些工作的无效或低效而不得不被推翻重来,从而延误评审工作的如期进行。

第三节　后期实务弊病

设计业务后期的主要工作是将二维的平面设计结果进行三维的样衣试制阶段,所谓"样品阶段"。这一阶段的工作看似比较简单,却更加具体而实际。中期工作得到的是比较微观的结果,后期阶段得到的则是真真切切的实物样品。由于实物样品具有一目了然的直观性,将会引起委托方更加高度地重视,但是,这一工作往往不是由设计团队直接完成的,而是由生产技术部门完成的,因此,为了保证这一体现设计结果的最后环节,需要设计团队时时关心,处处监控,做好这一设计结果实物化阶段的工作。

一、样品制作环节的常见问题

(一) 改款太随意

改款太随意是指样品制作人员在未经有关人员同意的情况下,按照自己的理解或习惯,任意修改样品的规定内容。在正常情况下,样品制作的原则是必须根据样板给定的尺寸和工艺,完成样品制作。由于样品制作往往不是样板师的工作,而负责样品制作的人员已经在以前的经验中形成了固定习惯,在对某些细节的理解或对样板确实存在的问题出现歧义时,未经商量即擅自修改,并且不将修改的结果反映在样板上。这一做法不但不能真实反映设计师的原意,而且为批量生产的质量隐患留下潜在危险。导致改款太随意的主要原因有以下几个方面:一是样品制作人员缺乏职业意识,不知道"改动样板须征得主管同意"的基本行规。二是现有样品制作设备不齐全或功能不完善,客观上造成必须修改。三是样品制作人员的技术水平差,主观上企图依靠不征得同意的修改而蒙混过关。

为了克服这一可能影响批量产品生产质量的严重弊端,可以采取以下制度化办法:一是工艺步骤签名制。要求样品制作人员对每一道制作工序进行实名签字,便于批量生产的产品出现问题时能够很快找到问题的根源。二是工作状态检查制。通过询问、检视等手段,对正在制作的样品进行随机抽查,遇到修改样品的情况,及时做好记录。三是技术培训制。通过平时提高制作人员技术水平的办法,讲解每一件样品在制作上的技术难点和要点,统一大家的认识。

(二) 检验不严格

检验不严格是指样品检验人员不按照规定程序和规定内容,对样品进行粗略检验甚至漏检。样品制作一般是由单人独立完成的,其工艺步骤与在流水线上生产产品有很大区别。样品检验是样品交付评审或生产前的必经程序,其目的是为了保证样品与样板的准确性,发现样品制作与批量生产的技术距离(图8-6)。导致检验不严格的主要原因有以下几个方面:一是迫于情面观念。由于检验工作时常会得罪被检验人,在有碍脸面等因素的驱使下,检验人员会出现对样品检验不严格的情况。二是缺少参照标准。由于服装样品往往是全新推出的款式,受到市场流行等因素的影响,难以用某种统一的标准来衡量。三是缺乏检验制度。有些企业本身就不具备严格的样品检验制度,只重视样品的制作速度,对样品的质量则任其自流。

为了排除这一可能严重影响批量产品生产质量和生产效率的潜在危险,可以采用的主要办法有:一是建立和完善检验制度。对缺少样品检验制度的样品制作部门,应该敦促其建立起来,对于已经建立这一制度的,则要求其不断完善。二是调换检验工作岗位。通过经常调换样品检

针织检验标准

1. 外观检验:
   1.1 粗幼纱、色差、污渍、走纱、破损、起蛇仔、暗横、起毛头、手感;
   1.2 领圈平服,领圈夹圈要圆顺。
2. 布质检验:缩水、甩色、扁机领、罗纹拉架对色程度和质地。
3. 尺寸检验:严格按照尺寸表。
4. 对称检验:
   4.1 针织上衣检验:
      4.1.1 领尖大小,领骨是否相对;
      4.1.2 两膊、两夹圈的阔度;
      4.1.3 两袖长短、袖口宽窄;
      4.1.4 两侧长短、脚口长短。
   4.2 针织下装检验:
      4.2.1 裤腿长短,宽窄,裤脚宽窄;
      4.2.2 左右插袋高低、袋口大小、后袋左右边长短。
5. 做工检验:
   5.1 针织上衣检验:
      5.1.1 各部位线路要顺直,整齐牢固,松紧适宜,不准有浮线、断线、跳线现象,驳线现象不可太多且不能出现在显眼的位置,针距不能过疏或过密;
      5.1.2 上领、埋夹手势要均匀,避免领窝、夹圈容位过多;
      5.1.3 翻领款常见疵点:领筒歪斜,底筒外露,领边走纱,筒面不平服,领嘴高低,领尖大小;
      5.1.4 圆领常见疵点:领位歪斜大小边,领口起波浪,领驳骨外露;
      5.1.5 夹顶要顺直不起角;
      5.1.6 袋口要平直,袋口止口要清剪;
      5.1.7 冚脚多余止口要清剪;
      5.1.8 衫脚两侧不可起喇叭;
      5.1.9 冚条不可粗细不匀,不可太多太紧导致束起衫身布;
      5.1.10 哈梭 + A22 不可太多驳口,留意线尾清剪;
      5.1.11 底面线要松紧适宜,全部骨位不可起皱(特别是领圈、夹圈、脚围);
      5.1.12 纽门定位要准,开刀利落无线毛,纽门线平整无散口,不可起鼓起,打纽位要准,纽线不可过松过长。
   5.2 针织下装检验:
      5.2.1 后袋留意做工不可歪斜,袋口要平直;
      5.2.2 裤头冚线要平行,不得弯曲,不得宽窄不均;
      5.2.3 打枣粗幼长短及位置要合于要求。
6. 整烫检验:
   6.1 部位整烫平服,无烫黄、激光、水渍、脏污等;
   6.2 线头要彻底清剪。
7. 物料检验:
   7.1 唛头位置及车缝效果,挂牌是否正确,有无遗漏,胶袋质地;
   7.2 棉绳对色度,丈根厚薄及松紧度,落朴效果;
   7.3 全部按照物料单指示。
8. 包装检验:折叠端正平服,严格按照包装指示单。

图 8-6 针织服装检验标准附录,根据不同样衣的生产要求对检验要求进行适量调整

验人员的办法,利用这一办法造成人员生疏的特点,克服检验人员与被检验人员的情面观念,保证一段时间内的样品得到正常检验。三是建立责任连带制度。对于可能出现的由于检验不严格而造成的批量生产质量事故,要进行相关责任人的经济利益挂钩,从根源上消除样品制作的质量问题。

（三）资料不存档

资料不存档是指样品制作人员和检验人员对出现的样品质量问题以及修改结果仅采取口头沟通，未以书面形式存入技术档案。每一件经过评审程序而决定制作的样品应该有详细的技术档案，包括一切正常或反常的工艺流程和修改情况的记录，以便及时反映在批量生产的技术文件内。即使样品制作未出现异常情况，也要对决定投入批量生产的产品进行一定程度的调整，使其符合流水作业的要求。这一可以大大节约生产成本和提高劳动效率的过程被称为"生产设计"。造成资料不存档的主要原因有以下几个方面：一是样品制作人员或检验人员缺乏良好的工作习惯，为贪图省事而有意无意地放弃对此类信息的登记工作。二是样品技术部门本身没有建立严格的技术文件规矩，从上到下地不重视样品资料的存档工作。

资料不存档是一种样品制作部门时常容易犯下的顽症，克服这一弊端的方法主要有以下几个方面：一是实行上岗培训。技术部门主管通过上岗技术培训，三令五申地强调样品技术资料对于保证设计业务完整性的重要作用，养成样品部门人人重视技术资料存档工作的良好传统。二是建立健全样品资料档案库。技术是一种需要传承的人类文化财产，最好的传承办法之一是保存完整的技术资料。如果迫于物质条件而难以做到对所有样品技术资料的全部保存，可以在交付给委托方之前，对一些具有保存价值的经典资料进行拷贝，作为技术上的积淀，久而久之，这些技术资料将成为设计团队丰厚的"技术财产"。

（四）材料不吻合

材料不吻合是指用于制作样品的材料与设计方案中指定的材料不能一一对应，违背了设计初衷。服装产品包括面料和辅料两大类材料，根据不同品类的服装，从缝纫线到衣身面料，从拉链到黏衬，全部材料往往林林总总不下十几种。在制作样品前，不仅配齐每一种材料确实比较困难，而且成本大大增加，因此，样品使用的材料通常采用临时性替代材料，但是，这种做法势必不能完整体现原来的设计意图，特别是主要材料更是不能被替代。造成材料不吻合的主要原因有以下几个方面：一是样品制作人员的质量意识薄弱，为追求工作效率而任意取用替代材料。二是出于节约样品制作成本的考虑，以次充好，得过且过。三是缺少可供试制样品的材料来源，没有足够的供应商资源。

材料不吻合是样品制作过程中经常出现的通病，克服这一现象的主要方法有以下几个方面：一是留出合理的试制时间。由于样品是产品的"胚胎"，往往需要不断地反复试制，才能达到预期效果。如果这个过程没有足够的时间，客观上容易造成材料准备的不足。二是加强样品的品质意识。样品不仅供评审之用，也供指导生产之用，样品的最终效果必须能如实反映设计初衷，才能得出正确的评审结果，起到指导生产的作用。三是舍得产品开发的成本。新产品开发需要把"力气用在刀刃上"，当前国外服装企业用于产品开发的投入普遍高于国内同行，取得了理想效果，所谓"一分耕耘，一分收获"。四是与供应商搞好业务关系。利用一切专业或非专业机会，宣传自己，编织供应商资源关系网络，让供应商主动提供最新材料信息和样品。

二、样品评审环节的常见问题

（一）展示不充分

展示不充分是指用于评审的样品没有采用正确的方式即完成了评审。充分展示样品是做好评审工作的基本前提，语言、图形、实物是展示设计意图的媒介，在足够的时间和恰当的形式配合下,可以取得良好的效果。如果样品在评审过程中没有被充分展示,不仅不能体现设计团队的工作价值,也会影响评审结果的准确性。引起展示不充分的主要原因有以下几个方面:一是用于样品评审的时间很短。二是展示空间的场地局促。三是前期准备工作粗糙。四是汇报者讲解不专业。五是展示模特或人台不匹配。

评审结果是企业安排生产计划的重要依据,样品评审过程既是新产品开发必不可少的环节,也是对设计团队的严峻考验,因此,由于展示不充分而造成的评审结果失误是十分可惜的。在解决这一弊端时,应该注意以下几个主要方面:一是留出充足的样品评审时间。样品评审是一个细品慢嚼的过程,评审者的全部意见往往不能在短时间内完全释放,需要足够的时间,才能保证评审者做出正确判断。二是选择环境恰当的展示地点。舒适宽松的评审环境易于使人平和,有助于评审者充分发表自己的见解。三是尽量做好前期准备工作。这些工作包括评审者的组织、基本资料的准备、硬件设施的布置等。四是选择专业模特或人台(图8-7)。专业的试穿模特可以准确地传达对样品的感受,合适的人台号型可以检验样品尺码是否准确。

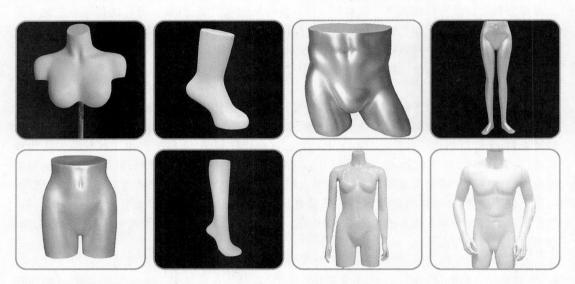

图8-7　根据评审产品的需求选择标准号型人台展示,将减少评审结果的误差

(二) 标准不统一

标准不统一是指衡量样品的评审标准不一致。由于样品体现的是一种对未来市场的预期,尚未投入市场销售,而且,评审者个人对色彩、造型的偏好以及设计风格的理解更是难以达成一致看法,因此,服装样品评审没有真正的标准可言,评审结果往往是评审者审美观的体现,并非完全是消费者的意见。尽管如此,服装样品的评审也不等于无据可依,一般可以从品牌定位、产品系列、市场走势等角度,做出相对客观的定论。出现标准不统一现象的主要原因有:一是评审者持有不同的审美观。审美观在样品评审中起着非常重要的作用,不够专业的评审者往往根据个人喜好决定样品的命运。二是品牌定位出现临时调整。品牌定位的飘忽不定或突发性定位调整,都不利于人们迅速调整对品牌的已有认识,也会一定程度地影响评审者的判断依据。三是评审制度尚未走上正轨。样品评审是一件十分严肃的事情,需要比较成熟的制度加以维护,

个别评审者过大的影响力将导致评审结果出现偏差。

避免出现这一问题的主要做法有以下几个方面：一是事前充分沟通意见。评审者在评审活动正式开始之前，应该对评审标准进行充分沟通，尽可能取得理解上的一致。二是品牌定位不得任意变化。尽管品牌定位可以在一定范围内进行调整，但是过分随意的调整本身不仅是品牌运作的大忌，而且会影响人们原先对其持有的理解。三是评审制度的科学化与合理化。制度是约束行为正常进行的保证，建立评审制度的目的是使董事长或总经理等个别位居要职的评审者意见不能过于夸张地影响他人的眼光。四是选择合适的评审者。正是由于样品评审经常是评审者的审美观发生作用，而不同的生活经历、教育背景、工作经验、专业知识是人们形成不同审美观的主要因素。因此，评审者本身的专业水平和流行嗅觉对样品评审的结果起着十分关键的作用，可以避免评审者置品牌定位于不顾的现象。

（三）方法不科学

方法不科学是指样品评审的方法不尽合理，影响快速而有效地得出正确的评审结果。尽管建立评审制度是促使评审工作正常开展的保证，但是，评审制度往往带有明显的行政上的执行意味，不能全部包括评审方法。服装样品评审过程需要经过讲解、展示、评议、打分、统计、平衡等程序，这些程序需要在制度的配合下，建立一套具体的方法，才能更好地完成样品评审工作。造成方法不科学的主要原因是：一是企业管理水平低下。评审方法制定是否合理，能够一定程度地反映企业的管理水平。二是主要领导不够重视。服装行业是一个传统行业，特别是一些中小型服装企业常常采用粗放式经营和管理，在很多事情的处理方法上缺少精确性，没有意识到评审方法对于评审结果的重要性。三是专业知识十分有限。虽然评审者已经认识到评审方法的重要作用，但是由于其专业知识的缺乏而表现得心有余而力不足，无力改变不能令人满意的现状。

评审方法不在于有多么严密，而在于高效，科学的方法意味着可以被反复而有效地使用。为了克服方法不科学造成的弊端，可以从以下几个方面努力：一是聘请外界专业团队建立一套行之有效的方法。二是敦促主要领导对样品评审工作予以足够的重视。三是从比较简单的方法做起，逐步建立健全科学合理的样品评审方法。

（四）结论不执行

结论不执行是指对评审中形成的结论特别是修改意见拒不贯彻落实。评审的目的是执行评审的结论，尤其要不折不扣地执行修改意见和调整建议，否则，样品评审活动不仅失去意义，而且将会严重耽误事情。造成结论不执行局面的主要原因有：一是执行者主观上抵制。由于执行者的固执己见或怕麻烦等原因，在主观上排斥执行评审修改意见。二是客观上的工作失误。由于上柜时间局促、工作头绪混乱、日常事务繁多等原因而导致执行者遗忘。三是缺少评审意见记录。在评审程序不规范的情况下，必然会出现不记录或部分记录评审意见的情况，或评审活动结束了也没有结论，执行结论就无从谈起了。四是因故无奈放弃执行。执行结论的道理非常简单，但是，即使知道不执行结论的危害，有些部门也因为各种无可奈何的原因而心有余而力不足。

要克服结论不执行的毛病，必须做到以下几点：一是建立可行性强的监管制度。利用一套可行的制度监督评审结论的执行，对其执行的过程和结果进行检查，将会有效地弥补漏洞。二是进行责任人员的职业培训。开展旨在帮助执行人员从主观上提高职业道德的职业培训，形成自觉地执行评审结论的工作氛围。三是掌控评审环节的时间节点。在客观上消除诸如无执行时间或无执行人员等不利于执行的条件因素,使执行评审结论的行为纳入正常的工作范围。

三、方案增补环节的常见问题

(一) 态度不端正

态度不端正是指对上级下达的增补指令不予以充分重视。几乎没有任何一个设计团队从主观上非常乐意地增补方案,正常情况下,设计师均十分不愿意他人轻易更改甚至否定自己的劳动成果,尤其是当设计方案还只是未经市场检验的样品之际,就被人指责时,特别是受到设计师认为的外行人员的批评时,往往会因心里不服而产生抵触情绪。在此情况下,设计师的消极心理势必影响增补方案的质量。

为此,设计师要做到以下几点:一是奉行服从集体的职业精神。设计工作是一个面向市场开发产品的职业行为,个人喜好不能影响集体的决定。二是虚心听取他人意见。"三人行必有吾师",应该相信集体的力量胜于个人。三是正确表达自己的思考。面对他人的不同意见,设计师可以用恰当的方式,提出自己的见解。

(二) 前后不对应

前后不对应是指增补方案中的结果与原始方案缺少应有的连贯性。增补方案需要与原始方案有一定的呼应关系,不会是截然不同的两种结果。有时,增补方案未必要与原始方案完全一致,甚至应该强调某种差异,但是产品风格等比较宏观的内容还是应该基本相同的。完成一个设计方案的时间跨度往往较长,少则数周,多则数月。增补方案与原始方案还存在着样品制作与评审所需要的时间,更加大了两者前后时间差。另外,设计资源、担当人员、工作环境等因素出现的变化,客观上也容易导致增补结果出现前后不对应的差异。

在克服增补方案的上述弊端时,需要注意以下几点:一是充分理解增补指令中的全部信息与要求。其中,到底应该增补什么,剔除什么,改善什么,应该真正做到心中有数。二是弄清原始方案的主要设计资源出自何处。由于增补方案往往是对原始方案的修正和补充,了解了原始方案设计资源的出处,就能提高寻找资源的效率,避免不必要的重复劳动。此时,存档工作就显得十分重要。

(三) 时间不允许

时间不允许是指可用于完成增补方案的时间所剩无几。在对原始方案提出增补要求时,往往是比较被动的无奈之举,留给提交增补方案所需要的工作时间也十分仓促,如果是小修小改的少量增补,则问题不大;如果是等于推倒重来的大量增补,则几无可能。很多情况下,时间是事物的决定性因素之一,过于紧张的时间难免会影响增补方案的完成质量。

为了尽可能挤出时间,在开始落实增补方案时需要注意以下几点:一是打通所有当前使用的设计资源通道。设计师不能做无米之炊,时间紧迫更难达到"慢工出细活"的要求,节省时间的做法是激活包括供应商在内的设计资源,要求样衣制作做好加班加点的思想准备。二是利用原始方案中的基础模板。利用基础模板可以有效提高工作效率,如果原始方案的部分内容如主题板、设计元素等仍有利用价值,就尽量利用起来,切勿推倒重来。三是压缩日常工作流程所需要的正常时间。尽管时间紧迫,但是,过分忽略一个设计方案需要经过的基本环节,有可能欲速不达。因此,要防止忙中出乱,避免无效劳动。

第四节　业务拓展弊病

业务拓展是每个正常运作的设计机构迫切希望开展的工作。设计业务拓展活动一般发生在独立经营的设计机构里面，成为它们的日常工作内容之一；属于企业的设计部门则通常是被动地接受来自本企业的设计任务，没有拓展业务的职能。业务拓展有两层含义：一是业务量的拓展。通过业务量的增长，锻炼设计团队的专业能力，巩固和扩大其在业内的地位和影响。二是业务质的拓展。通过业务质的提高，树立设计团队的业内高度，以质取胜，提高设计团队本身的工作附加值。但是，业务拓展往往不是一帆风顺的，常会遇到各种各样的难题。设计团队必须克服业务拓展中的弊病，才能顺利实现这一目的。

一、拓展目标的常见问题

（一）条件不成熟

条件不成熟是指在业务拓展基础条件欠佳时，一厢情愿地进行业务拓展活动。业务拓展的基础条件来自两个方面：一是来自设计团队的内部条件；二是来自行业环境的外部条件。这里所指的条件不成熟主要是指前者，即设计团队本身不成熟。造成条件不成熟的原因是多方面的，主要有以下几个方面：一是团队成立时间短，磨合欠佳。任何一个团队都需要在工作上经过一段时间的磨合，才能发挥人才资源在配置上的最大效率。二是团队技术能力弱。设计思维和工具设备支持着设计团队的技术力量，如果某些设计团队长期以来在此方面没有太大长进，就会显得技术力量单薄。三是团队内部人手缺。虽然设计业务主要依靠脑力劳动完成，但是，其中不少工作仍然需要大量的人力完成，因此，设计工作加班突击现象屡见不鲜。如果缺少人手，就不能应对大规模设计业务。四是前期垫付资金少。由于付款方式中的首付款一般不够抵扣全部业务成本，完成整个业务需要动用承揽方的自有资金，如果资金不足，则难以承接需要较大资金支持的业务。

在克服由上述原因带来的尴尬时，需要注意以下几点：一是着眼于实力积聚。设计团队带头人应该具有长远眼光，不要急于盈利，舍得将业务收益投入夯实基础条件的建设。二是建立广泛的人脉。依靠踏实诚恳的信誉和诚意，在业内树立良好的口碑，平时通过人脉关系的建立，在遇到突发性业务而急需临时技术支持时，做到左右逢源，一呼百应。三是注意改善工作流程。由于业务来源或技术手段等一些环境因素的变化，经过一段时间的运作，任何设计工作流程都会有这样那样的值得改进之处。改善工作流程的目的是提高工作效率，降低工作成本，为拓展业务做好基础工作。

（二）目标不现实

目标不现实是指在拓展业务活动中锁定的目标对象脱离实际情况而难以实现初衷。业务拓展的目标应该从实际情况出发，量力而行。设计业务的拓展不能一蹴而就，需要在做好大量准备工作的基础上逐步实现，否则，即使业务量激增，也会因为缺少相应的基础而顾此失彼，甚至因为不得不经常出现违约行为而在业内身败名裂。目标不现实的原因主要有以下几个方面：一是求胜心切。在某段时间业务成绩较好的情况下，设计团队容易产生急于扩大战果的心态，高涨的工作热情会导致他们不顾一切地四处出击。二是能力高估。由于性格张扬或环境捧杀等原因,设计团队往往会因此而高估自己的业务能力。三是不熟悉行情。在不清楚目前行业内部游戏规则的情况下,容易无意识地提出不切实际的目标。四是不懂对方。在争取某项具体设计业务时,由于缺乏对委托方的侧面了解和有效沟通,在洽谈业务时出现令对方难以理解的行为。

目标不现实是业务拓展之大忌,多次以遭遇碰壁和失败而告终的业务拓展活动结局将严重打击设计团队的信心。因此,应该从以下几个方面注意避免目标不实际带来的危害:一是摆正心态,制定切实可行的发展目标。二是量力而为。设计团队应该以清醒的头脑评估自己,客观地认识企业发展、行业背景和社会经济之间的道理,树立科学的可持续企业发展观,切忌拔苗助长式的盲目求大。三是关注行情。行业内的情况随时发生变化,在"低头做事"的同时,还需"抬头看路",否则容易发生方向性错误。四是做好功课。这里的功课是指对委托方进行情况排摸,掌握底细,准确解读对方,做到"知己知彼,百战不殆"。

(三) 信息不灵敏

信息不灵敏是指获取的业务信息在时间节点上出现的滞后。及时获取业务信息是业务拓展的首要条件,业务信息是否灵敏成为业务拓展能否占得先机的关键。某些设计业务从发生到结束的时间很短,根本不会为设计团队留出宽裕的工作时间。业务拓展需要花较长时间做好准备工作,如果获得业务信息的时间较晚,将会在竞争中明显处于劣势。导致信息不灵敏的原因主要有以下几个方面:一是缺少工作能动性。设计业务的服务性行业特征,决定了服装设计业务拓展活动必须采取积极主动的工作态度和工作方法,足不出户般的"等待"不可能在第一时间获得业务信息。二是缺少与行业交流。虽然按照以前流传下来的习惯,有"同行是冤家"的说法,但是,同行也能建立各种形式的行业联盟,互通信息,相互帮衬,分担业务。三是信息获取点较少。服装设计业务产生于社会的各个方面,除了服装企业为了满足零售市场需要而必须的日常设计业务以外,还有许多制服设计、表演服设计等临时性设计业务。在信息获取点有可能接触到设计业务中分散于社会各个方面的人员,如果有较多这样的人员,可以大大提高信息获取率。

着力提高获取信息灵敏度的主要做法有以下几个方面:一是发挥主观能动作用。设计业务不可能在无所事事的等待中获得,只有主动出击,才是快速获取信息的有效手段。二是加强与行业交流。有节有度的行业交流不仅能表现出一个人的职业品行,也是获得同行认可的必要途径,成功的行业交流将会增加不少业务信息。三是扩大信息获取点。在平时工作中,即应该留意建立一定规模的业务信息网络,使信息获取点发挥犹如"线人"般的作用。有时,一个人的无意而为,可以成就另一个人的有意目的。

二、拓展渠道的常见问题

(一) 渠道不畅通

渠道不畅通是指不能将愿望直接传达到业务委托方负责业务外发的主管人员。委托方一般有专人负责设计业务的联络与外发,他们往往拥有决定将设计业务委托给哪个设计团队的权力,如果这一渠道不够畅通,业务拓展活动将会受到一定程度的阻碍。此时,即使能很快获得业务信息,也会在信息的反馈上落后半拍,不能与委托方形成很好的沟通。造成渠道不流畅的主要原因是:一是缺少开拓型人才。虽然保守型人才也有稳重、沉着等自己的优点,但是,从总体上来看,保守型人才一般不善于开拓业务,特别是不善于开拓新客户或新行业的业务。二是组织利用现有资源能力弱。任何人或任何企业都有一定的现有资源,但是,缺少开拓精神的人往往将这些资源看作是孤立的、静止的、没联系的,因此,这些人组织和利用现有资源的能力较弱。三是缺少必要的物质条件。拓展业务需要在一定的客观物质条件配备下,才能更为方便地实现既定目标。光有精神没有物质地进行业务拓展,既不能体现承揽方的价值,也难以确保委托方的利益。

克服渠道不畅通的主要办法有以下几个方面:一是增加开拓型人才。开拓型人才的工作特征主要由其性格决定,开朗、积极、顽强的性格是保证业务拓展活动顺利进行的基本条件,只有百折不挠的工作作风,才能打通原本并不畅通的渠道。二是懂得开拓路径。正确的路径是走向目的地的快捷之道,只要能懂得如何寻找开拓路径,就能顺藤摸瓜地找到业务渠道的源头。三是整合现有资源。通过一定的方式,将现有资源有机地联系起来,发挥其重叠或裂变效应。

(二) 行规不遵守

行规不遵守是指对现有行业规则采取视若无睹的态度,我行我素地按照自己的理解对待业务拓展事务。行规是一个存在于行业内部的长期以来逐步形成并得到普遍认同的某些固定做法,所谓"家有家法,行有行规"。有些行规具有明确的条文细则,有些则是不成文的约定俗成。行规具有一定的积极意义,可以辅佐行业有序发展,当行规发展过头,成为一种行业"潜规则"时,就会产生消极意义。为了使设计业务拓展活动纳入当前的主流,不得不重视和遵守甚至屈服于某些合理或不合理的行规。以下几个方面的原因会引起不遵守行规现象的发生:一是客观上生疏。新鲜入行的设计团队或初来乍到的从业人员,既没有时间也没有经验了解所谓的行规,成为不熟悉行规的客观原因。二是主观上抵制。出于种种目的,有些熟悉行规的人员采取故意抵制的态度,拒不按照规矩出牌。三是无执行条件。在某些情况下,承揽方即使想按照行业规矩办事,也会因为各种因素而无奈放弃。

为了实现业务拓展的目的,尊重被行业普遍认同的某些规矩还是必要的,否则会被认为过于"异类"而遭同行排斥。当然,某些可能触及法律底线的"潜规则"则必须完全舍弃,任何行为必须以合法为前提。为了避免"行规不遵守"为业务拓展带来的不利影响,需要注意以下几个方面:一是主动熟悉行规。对于无意冒犯行规的设计团队来说,应该主动了解和掌握行业内的现行规则。二是合法规避行规。面对一些消极意义的行规,设计团队应该利用正面的社会环境氛围,恰如其分地化解在业务行为中,使合法规避变为更通人情的合理规避。三是调控业内关系。有些故意特立独行的设计团队,也应该对某些做法选择一种恰当的自我解脱的理由,缓解外人的误会,否则,众怒难犯的所谓"个性做法"将导致业内人脉关系的紧张。

(三) 团队形象差

团队形象差是指作为业务承揽方的设计团队因为工作行为不检点而留给业务委托方不良的整体形象。团队形象是指团队在对外交往、交流的过程中,其成员在职业形象装扮、社交礼仪、敬业态度、沟通技巧、情绪控制、分工协作等诸多方面给外界留下的总体印象。虽然设计业务的重点是看业务完成的质量,而不是团队本身的形象。但是,良好的团队形象不仅在一定程度上反映了团队的整体水平,也易于获得合作方的信任。对于大部分事物来说,即使其真实内涵再深刻,也会因为形象不佳而被扣分。设计业务拓展渠道是一个让更多人了解自己的通路,团队形象在业务拓展活动中起到的作用十分重要。造成团队形象差的主要原因是:一是以往业内口碑不好。"好事不出门,坏事传千里",不好的口碑给人先入为主地造成坏印象。二是缺少高级业务培训。招募的人员来自天南海北,职业水平参差不齐,在缺少高级业务培训的情况下,团队形象自然受损。三是认识高度不足。团队内部不懂得团队形象对于业务拓展的重要性,主观上任其自流。

团队形象很大程度上决定了团队的发展速度,特别是必须通过频繁的商务活动与客户接触和沟通,才能取得业务订单的业务拓展活动,良好的团队形象能带来良好的客户认同度和业内美誉度。为了克服团队形象差的弊端,应该在拓展业务之前注意以下几个方面:一是开展业务技能培训。通过业务技能培训,提高团队形象中的业务水平这一核心内涵。二是注重团队形象建设。把加强团队形象建设当成企业培训的新方向,并投入必要的硬件和软件,打造精英团队形象。三是深化个人责任感。一个团队是否优秀取决于组成这个团队的个人,团队形象由团队中个体的形象和素质决定,要优化团队形象首先要从提高团队成员的形象和素质入手。只有让每个团队成员明白个人对于团队的作用,才能快速提高团队形象。

三、拓展方法的常见问题

(一)方法不可行

方法不可行是指针对具体的拓展目标所采用的拓展方法在现实中不具有可行性。方法是指人们为了达到某种目的而选择的路径、设定的步骤、采用的手段等行为要素的总和,好的方法具有科学性、合理性和高效性。在有计划地拓展设计业务的过程中,总是希望采取一些旨在提高工作效率的方法,但却往往会造成无法控制甚至事与愿违的局面。造成方法不可行局面的主要原因有以下几个方面:一是方法的执行条件改变。原本适应某种方法的执行条件发生了改变,就难以得到原来预料中的结果。二是方法本身不合逻辑。由于有些方法是未经过实证的新的想法,可能存在着理想与现实上的距离。三是执行者缺乏职业素养。方法执行者的职业素养对方法所对应的目标实现非常关键,一个看似好端端的方法会因为执行者的能力有限而面目全非,一些高难度目标往往是考验执行者职业素养的标尺。四是方法的实现成本过大。虽然某些方法具有可行性,甚至是一种不错的方法,但是对于现实情况来说,却可能因为成本过大而不得不放弃。

选择正确的方法和正确的人,在正确的地点,做正确的事,是事情成功的基本条件。为了避免方法不可行造成的弊端,在拓展业务时要注意以下几个要点:一是选择成熟方法。虽然这种做法缺少了一点创新意味,但却更加稳妥和保险,执行起来得心应手,成功率较高。二选择合适人员。执行者的成功经验对执行业务拓展计划具有十分重要的作用,一些特别重大的拓展活动不能让无经验者操作,否则就会"时不我待,机不再来"。此外,执行者的精神状态也是考察其是否合适的条件,尽管某位执行者经验丰富,但是精神状态不佳时,同样会出现不良执行结果。三是选择正确时机。业务拓展活动的成功与否有相当大的机会因素,在其他条件不变的情况下,仅仅改变执行的时间,就有可能获得截然相反的结果。

(二)方法无创新

方法不创新是指过于求稳而不假思索地采用老方法应对新问题。业务环境是在不断变化中的,新的政策、新的市场、新的热点、新的人群,需要新的方法去应对(图8-8)。虽然"旧瓶装新酒"式的成熟方法比较稳妥,但是环境条件的改变会导致以前的方法不再适用于业务拓展的新形势,应该对已有方法加以创新,才能获得与时俱进的结果。造成方法无创新的原因主要有以下几个方面：一是意识僵化。由于设计团队在思想意识上没有对于方法创新的迫切性，使得方法创新成为一种不可能存在于该设计团队的事物。二是眼界局限。当前，呼声日高的"创新"声浪成为带动创新愿望的客观外力。但是，方法创新的前提是创新者眼界的提高，只有从主观上形成创新的愿望，才能出现真正的创新需求。即使主观上愿意进行方法上创新，也因为在其眼界范围内无法发现实现手段而流于口号。三是地域限制。创新需要氛围，这个氛围既包括创新市场，即接受和认同创新方法的受众，也涵盖支持基础，即支持创新的技术条件。出于历史形成的产业基础薄弱等原因，某些地域的氛围限制了创新思维和创新市场的发展，也缺少支持创新技术的基础。

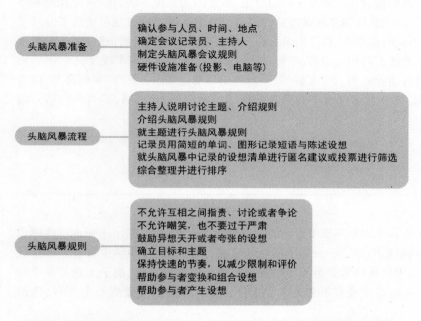

图8-8　使用头脑风暴的方法可以快速、有效地解决产品研发过程中遇到的问题

　　由于方法创新的基础首先是人的思想创新，因此克服方法无创新的弊端首先要从设计团队的思想上找原因。应对方法无创新的难题，可以从几个方面着手：一是增长和更新见识。增长全体团队成员尤其是领导人员的见识，是创新思维的基础。二是加强专业训练。借助头脑风暴等思维工具，增加团队成员之间的专业沟通，使之成为培育自我创新的土壤。三是突破地域局限。通过"走出去、请进来"等办法，吸收先进地域的人们在同类事物上的处理方法，为己所用。

（三）方法不连贯

　　方法不连贯是指用于某项业务的全部方法之间没有承上启下的作用，不能形成呼应和叠加效果，造成资源的机械性浪费。在一些大型设计业务中，需要用到多种方法，并希望这些方法能够形成联动作用。造成方法不连贯的主要原因有以下几种：一是业务规划出现前后矛盾。在选择解决设计业务问题的方法时，没有考虑到这些方法之间的相互矛盾或相互重复，在计划安排上不周全，临时性地抽取某种方法应对，使得方法之间必然出现矛盾现象。二是方法本身在执行中出现。在执行业务的过程中出现某种新的解决问题的方法，这是一种正常现象，所谓"实践出真知"。尽管业务流程可以预先设定,但是业务结果却不可能完全预知,因此,临时出现新的方法是完全有可能的,但这些方法可能会与原先的方法不够连贯。三是缺少环节上的沟通。实践经验证明,任何环节上的问题几乎都是由于沟通不善造成的,其中可能存在方法不连贯之类的问题。由于缺少沟通,各环节使用的方法出现互不相关的几率必然会随之增加。

做业务拓展工作就是做人的工作,人的易变性使得业务拓展活动充满了不确定性,往往导致实际结果与主观愿望背道而驰。此时,利用相对成熟而连贯的方法,就可以一定程度上减少一些不必要的矛盾。在实际运作中,可以从三个方面解决方法不连贯的弊病:一是慎重选择业务拓展方法。选择在一些具体指标及程序等方面具有一致性的方法,尽量做到前后保持一致。二是客观对待新方法。对新出现的方法进行充分的讨论,不要因为发现了新方法新途径而欢呼雀跃,并且过于盲目地采用。三是环节之间保持良性沟通。整个业务拓展过程可能需要分环节进行,每个环节也可能有不同的担当人员,他们采取的方法可能是完全不同的,这就最起码要求做到上下环节之间在拓展方法上的相互了解,不能在某项具体业务上出现撞车现象。

以上是服装设计实务各主要环节的常见弊病,其他辅助环节比如服务环节、采购环节、内务环节等也有许多常见弊病,其中大部分属于经营和管理上的问题,在此从略,不再一一展开讨论了。

本章小结

本章针对服装设计实务各个主要环节中存在的常见弊病进行了归纳,指出了形成这些弊病的主要原因,并对解决这些弊病的办法一一作了简要的论述,目的在于提醒学生在实际操作设计业务之前,对这些在业务中出现的常见但不正确现象有一定的提前了解,便于无论是在今后的自主创业中,还是在毕业后的企业供职过程中,都能通过预先知晓而做到心中有数,冷静应对。

思考与练习

1. 除了本章中所涉及的常见弊病以外,你认为服装设计业务的主要环节中还有哪些弊病,它们的形成原因是什么? 应该采取怎样的解决办法?
2. 选择一个服装设计业务辅助环节,讨论其影响设计业务的常见弊病,并找到其形成原因和解决办法。

服装设计业务风险

　　从经营角度来看,风险是指未来结果可能表现为损失或伤害的某种不确定性。风险有下面三层涵义:一是风险尚未正式成为事实,但有可能随时随地发生;二是风险未必一定会发生,可以事先采取有效的防范措施;三是风险内存在着机遇,风险越大,回报越高。

　　风险由不确定性造成。所有的经营行为都需要一定的成本投入,成本是需要收回的。成本是用作投资的资本,在"收回成本、实现盈利"这一投资的基本目的没有成为现实以前,任何负面意外情况都可能存在,这些负面意外情况就是导致风险发生的不确定性。如果在经过了一定时间的运作以后,没有在预定的时间内收回成本,就说明风险已经造成了损失。建立服装设计实务的风险意识,不仅可以规避隐藏的不利因素,也能培养良好的职业道德。

第一节　服装设计业务的风险原因

任何事情的发生总是有因果关系的，服装设计业务的风险也有一定的因果关系。理清了事情发生的因果关系，将有助于建立防范风险的制度，更好地防范风险的发生，把因风险造成的损失控制在最小的范围内。从地点角度看，有工作路程的遥远与邻近、工作面积的宽敞与拥挤等差异；从时间角度看，有工作次序的提前与后置、工作进度的快速与缓慢等混乱；从人员角度看，有工作态度的勤奋与懒惰、工作品行的忠诚与虚伪等区别，这些都是寻找风险原因的出发点。造成服装设计业务风险的具体原因主要有以下几个方面：

一、愿望的不确定性

愿望的不确定性是指由于既定目标发生经常性变化而引发的风险。任何人类社会活动都是有一定目的的，这种目的表现为人类思想和行为的愿望。在操作某项服装设计业务之前，委托方应该拿出目的非常明确的愿望和设想，才能杜绝后续工作隐藏风险的可能。

愿望的不确定性表现为委托方不能清晰地表述自己究竟想要什么样的最终结果，经常在业务进行过程中突然要求改变原来的设想。其主要原因在于他们往往不是业内专业人士，或者对自己的愿望没有完全考虑成熟。

二、标准的不确定性

标准的不确定性是指由于缺少对标的物的判断标准而引发的风险。任何双方合作的工作都需要一个公认的参照标准，否则将成为相互埋怨的根源。服装设计业务中的标准是为了对项目完成情况进行验收，是双方解决意见分歧的主要依据。

标准的不确定性表现为项目完成之际，各方均拿不出经过对方认可的参照依据，不能进行正常的项目验收，造成双方今后推诿扯皮。其主要原因是项目洽谈不彻底、合同未列入或行业本身就缺少权威性标准的范本。

三、沟通的不确定性

沟通的不确定性是指由于双方在交流时传递的信息不对等而引发的风险。在商业活动中，保证双方合作能够顺利进行的要点之一是双方必须保持经常性的有效沟通，如果没有畅通无阻的沟通，对方将不能正确而完全地理解本方的真实意图。

沟通的不确定性表现为专业术语不对接、沟通水平不相等、沟通目的不一致等。其主要原因是双方在专业知识上存在严重的信息不对称，或者刻意隐瞒自己的某些真正目的，或者动机不纯地故意寻找或等待对方出现破绽。

四、执行的不确定性

执行的不确定性是指项目实施过程的工作不到位而引发的风险。设计项目的前期结果往往只是一个书面方案，要把这个方案如实地化为现实，需要有不折不扣的超强执行力加以保证。可以说，执行力的强弱是设计方案成败的关键所在。

执行的不确定性表现为随意更改、变动方案的指标、流程、进度、物料等关键要素，导致最后结果严重变形，使整个方案归于失败。其主要原因是执行者专业能力有限、工作态度不认真、故意遗漏或合并操作环节等。

五、成本的不确定性

成本的不确定性是指由于项目成本发生超出想象的异常变动而引发的风险。这里的成本是指承揽方为了完成设计项目而投入的费用，如果这些必须的费用不能足额投入，必将影响最终完成效果，导致整个项目承担了后期风险。

成本的不确定性表现为随意压缩原定的费用计划或临时更改资金用途，使得原定的资料、设备、人员等不能及时到位。其主要原因是承揽方内部出现资金周转困难、预算时粗枝大叶或对于成本与结果的关系认识不足等。

六、预测的不确定性

预测的不确定性是指由于对流行趋势判断能力不济而引发的风险。正确理解服装流行趋势是服装设计业务的核心内容，而这种趋势的变化往往神秘莫测，充满了不确定性，因此，设计方案的执行结果往往也充满了极大的风险。

预测的不确定性表现为对市场流行趋势的误读，不能很好地理解市场未来的动向，或设计团队内部出现较大的意见分歧。其主要原因是基础流行信息比较滞后、缺乏市场考察与交流机会、对未来的判断缺少依据或信心不足等（图9-1）。

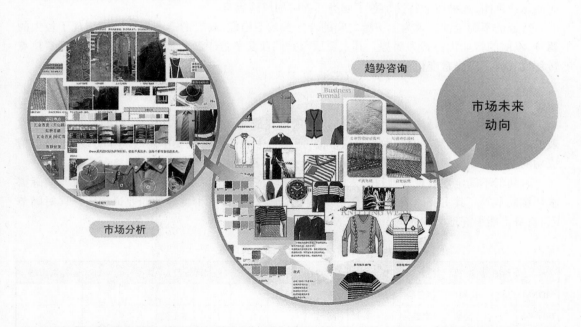

图9-1 只有通过对国内外目标市场深入研究分析、相关咨询的引导、结合自有品牌特点等因素的综合考量之下，才能减少对市场流行趋势的误读

七、评估的不确定性

评估的不确定性是指由于评估程序的不严谨或操作不规范而引发的风险。评估的实质是要求其他相关部门一起为设计工作的结果出谋划策,这是一项十分严肃的工作。整个设计过程需要进行多个环节的评估,以便对阶段性工作和最终结果做出决策。

评估的不确定性表现为评而不议、议而不决、决而不快,或者乱下决定、拖拉推诿、不形成意见等。其主要原因是评估程序不符合规范、对评估工作不够重视、过高地估计自己的能力、以替代物临时充当最终结果等。

八、资金的不确定性

资金的不确定性是指由于投入不能及时到位而引发的风险。这里的资金是指为实现设计结果而准备投入的资金,一旦发生这种情况,等于是釜底抽薪。一般情况下,这部分资金远远高于设计成本,占整个计划的绝大部分,需要及时做好准备。

资金的不确定性表现为资金跟不上实际需要,不能及时到位,使用于后期经营的资金短缺,导致整个计划半途而废。其主要原因是流动资金周转不灵、真正需要投入的资金数量超出预期、经常调整执行过程或执行结果不断返工等。

九、行业的不确定性

行业的不确定性是指由于整个服装行业出现异常变动而引发的风险。激烈的市场竞争使设计项目针对的预期目标充满了不确定性,过剩的产能使得行业内频繁出现一些企业的仓促开业或迅速倒闭,这种行业特性加重了此类不确定的风险因素。

行业的不确定性表现为上下游之间的合作关系不稳定,政府的产业发展政策出现了较大的调整,以前的行业优势转为弱势。其主要原因是同业竞争过于激烈、市场购买力低迷、消费热点转移或气候出现异常变化等。

十、时间的不确定性

时间的不确定性是指由于无法准确把握项目完成时间而引发的风险。时间是很多事物发展的决定性因素,恰当的时间做恰当的事情,使预想中的计划与现实中的时间十分吻合,是事情成功的基本保证。服装是季节性很强的产品,尤其存在着时间上的风险。

时间的不确定性表现为项目切入时间与宏观经济形势出现逆差,项目执行的结果与实际需求环境脱节等。其主要原因是经济形势突然下滑、合作单位缺少良好的职业道德而延误时间节点、自身不能很好地掌握时间节奏等(表9-1)。

表9-1 曼迪产品上货波段

型 号	性别	品 类	面 料	功 能	上货波段			礼盒说明
MDN01	男	长袖中薄型套装	棉+莱卡	防污	秋1波			
MDN02	男	长袖厚型套装	棉+莱卡	防污		冬1波		
MDN03	男	中薄型单上衣	棉+莱卡	防污	秋1波			
MDN04	女	厚型单裤	羊毛	防污		冬1波		

型　号	性别	品　类	面　料	功　能	上货波段				礼盒说明
MDN05	女	四季三角短裤	棉＋莱卡	抗菌	秋1波				
MDN06	女	四季平角短裤	棉＋莱卡	抗菌	秋1波				
MDN07	男	舒适生活套装	棉＋莱卡	远红外		秋3波			重阳节送礼
MDN08	男	舒适生活套装	莫代尔	远红外				冬3波	春节送礼
MDN09	女	本命年套装	莫代尔		秋1波				秋冬新货
MDN10	女	本命年三角裤	莫代尔			秋3波			国庆
MDN11	女	豪华内衣套装	羊绒		秋1波				秋冬新货
MDN12	女	豪华内衣套装	羊绒				冬1波		年底送礼
MDN13	女	精致内衣套装	加厚双面	远红外		秋3波			重阳节送礼
MDN14	女	精致内衣套装	加厚双面	远红外				冬3波	春节送礼

第二节　服装设计业务风险的危害

判断设计业务风险的标准是业务的实际完成结果与预期结果之间的差异,这种差异的正值是良性的收获与成功,负值则是恶性的危害与失败。尽管风险中包含着意外惊喜般的机遇,但是,在实际操作中,人们首先应该重视的是风险可能带来的危害。业务风险带来的危害十分巨大,形式多样,程度各异,将对业务的各方关系者产生或大或小的影响,因此,作为设计业务的操刀者,设计团队必须予以充分重视。由服装设计业务风险造成的危害大致分为以下几个主要方面:

一、对于委托方的危害

(一) 直接投资失败

无论是团体制服业务,还是品牌服装业务,在负面风险变为现实以后,都将造成出于各种目的的服装设计业务委托方在资金上的损失。对于委托方来说,设计业务只是整个投资计划的前期工作,其业务经费(或称项目经费)总量占整个投金计划的比例是十分有限的,比如,一个中型规模的服装产品开发计划所需要的总投资需要上千万元,如果这项业务还涉及到品牌的形象提升、市场推广等内容,其总投资将会在亿元以上,而设计业务经费仅为数十万至数百万元之间。如果业务结果全部变为失败的现实,那么,委托方将蒙受直接投资损失。

(二) 销售业绩低下

除了团体制服、个人定制等业务结果不再产生直接经济利益的业务以外,经营服装销售业务的委托方必须把业务结果(即新开发的服装服饰产品)用于销售,使其产生直接销售业绩。如果销售业绩超乎预期地低下,除了生产成本和销售成本部分或全部不可收回以外,还会因为产品严重积压所造成的资金亏损而影响企业以后发展的动力,出现入不敷出甚至资金链断裂等可怕后果。

(三) 企业形象受损

团体制服是企业形象的重要组成部分。虽然团体制服等定制服装业务不会直接为委托方产生经济效益,但却可以体现委托方的形象,带来一定的间接效应。比如,一家饭店恶俗的服务员制服不仅会无意中影响店中顾客消费时的情绪,还会成为向其亲朋好友进行负面宣传的素材。一些识别性高的窗口岗位服装,如航空公司的空乘人员制服等,成为各家单位暗中较劲的竞争项目之一,有些设计效果不佳的窗口岗位职业装则会成为人们潜意识中说不清道不明的对该单位不满意的原因之一。

二、对于承揽方的危害

(一) 后续款项遭拒

由于设计业务的付款方式一般是分期支付的,即在合同签订后的一段时间内支付首期款(也叫启动款),合同执行过程中支付中期款(也叫中间款),执行结果交付给委托方并验收合格以后支付尾期款(也叫结算款),因此,业务成功的标志之一是看承揽方是否能如期收到委托方支付的尾款,这也是双方是否具备后续合作的基本条件,其前提是委托方对合同执行结果的满意。在合同执行过程中,如果委托方支付的资金不足以抵消承揽方的工作成本,则承揽方必须投入一定比例的资金。此时,当双方对设计业务结果产生很大分歧而导致委托方拒绝支付后续款项时,将给承揽方造成直接经济损失。

(二) 连带名誉损失

无论是对于承接业务的服务性机构来说,还是对于企业内部的设计师个人而言,设计业务的失败都将为其带来名誉上的损失。事实上,造成风险损失的原因是多方面的,既有委托方支持配合不力等原因,也有承揽方专业水平有限等原因,但是,风险一旦成为事实,外界总是容易将原因看成是承揽方造成的,而且,由于承揽方往往在经济实力上处于偏弱的一方,也很少有解释前因后果的机会,又是以专业身份介入委托方的业务中的,人们形成这种理解就不足为怪了。因此,承揽方在接受设计业务的同时,不管风险是由对方还是己方造成的,也承担着名誉风险,产生业内信任危机。

(三) 中止履行合同

在委托方对业务执行的阶段性结果不满意的情况下,如果合同设定的条款允许,委托方将完全有可能单方面提出终止履行合同,这将使得承揽方所做的尚未来得及体现结果的前期工作毁于一旦,这些工作都将无法兑现其经济价值。虽然业务执行的最终结果是在最后出现的,但是,有些委托方会根据业务执行中表现出来的不甚入眼的阶段性结果,对承揽方的专业水平表示怀疑,并以此为由终止合同的全面履行。因此,业务的执行过程非常重要,即使是标志性不强的阶段性成果,也要尽可能做到完美,使很多铺垫性基础工作得以创造价值。

三、对于关系方的危害

(一) 上游环节摩擦

绝大部分经济行为总是以利益为纽带而捆绑在一起的。在当今社会的经营活动越来越呈现出社会化分工合作的趋势下,一项业务往往不会只是孤立地存在于委托方和承揽方之间,而是会牵涉许多直接或间接的上下游利益关系者。以供应商为主体的上游企业将会因为委托方不得不取消订单等原因而出现业务下降或出货困难，导致上游企业对其合作伙伴产生信任危机。比如，一家以虚拟经营为运作模式的品牌服装企业，其整个运作流程必须由众多供应商组成，如果设计业务本身出现了失败，在当前的业务绝大部分以并行模式进行的情况下，将造成委托方与供应商之间的摩擦，并可能由此而产生一系列不利的连带后果。

（二）下游环节断供

下游环节是委托方的产品通路，也是利润变现或价值实现的渠道，下游环节则在这一过程中实现自己的盈利。如果设计业务的结果不能如愿实现，使得委托方不能按时为下游环节提供满意的产品，以销售商为主体的下游环节将出现货品断供现象，从而影响其销售业绩。比如，当销售商提出补款要求，而作为业务承揽方的设计团队不能及时跟进，势必导致销售终端出现断货的可能。因此，在设计业务风险可能造成的危害中，也不可避免地包括了委托方下游企业的连带利益（图9-2）。

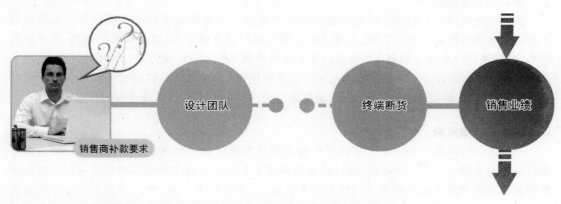

图9-2　产品通路出现问题如不能及时解决将影响到整个下游环节的销售业绩

第三节　服装设计业务的风险类型

克服风险的最好办法是防范风险，等到风险造成了实际损失再去解决，不仅非常被动，还会影响其他工作的顺利进行，而且有些风险造成的损失往往是不可估量的。为了防范风险的出现，首先要了解风险的类型。对于服装设计业务来说，主要存在着以下几种类型的风险：

一、环境变化型风险

环境变化型风险是指由于工作环境发生了不可抗拒的变化而出现的不确定性。服装设计工作是一个充满了挑战的创造性工作，由于有些设计项目历时很长，工作环节很多，难免会遇到这样那样的变化，或者因工作经验不足而顾此失彼，比如市场流行走向发生了变化、工作场地需要提前迁移、设备遭遇断电或病毒等，甚至出现地震、洪水、台风、暴雨等自然灾害，这些都将不可避免地影响到设计工作的正常开展。为了保险起见,承揽方可以在业务合同中,提出适当延长业务完成期限或加入不可抗力等条款的要求。

二、团队危机型风险

团队危机型风险是指由于工作人员出现了异常或突然的变动而出现的不确定性。这种情况可以出现在与业务合同有关的任何一方,一旦出现,都将给业务带来不小的麻烦。任何工作都需要具体的人去做,设计工作中人的因素非常关键。如果正在一起工作的主力成员突然要求离开团队而失去核心力量,或者被临时抽调到其他地方去工作而损兵折将,或者团队内部因各种矛盾的突然爆发而造成沟通环节发生很大的障碍,都将使原来井然有序的工作一下子陷入十分被动的局面。

三、资源匮乏型风险

资源匮乏型风险是指由于设计资源遇到了严重缺失或延误而出现的不确定性。服装设计工作需要大量及时而有效的资源,尤其是最新服装流行信息资源,比如面料流行趋势、款式流行趋势、色彩流行趋势等。如果这些资源的来源突然遭遇了技术故障或传递过程出现了中断,或者是原来的信息提供者发生了某种变故,比如一些平时连续向其购买流行咨询的网站突然倒闭等,导致了资源的退出、枯竭、陈旧、误导、短缺、破损等情况,势必会引起设计工作进程的被迫中断。

四、判断失误型风险

判断失误型风险是指由于工作过程中的决策性判断错误而出现的不确定性。判断失误是服装设计业务操作中经常存在的风险,因为这种业务本身就是与未来的不确定性进行一定程度的博弈。造成判断失误的原因是信息来源不全面、工作经验不丰富、个人意志不坚定。从表面上来看,如果设计项目的完成形式十分完美,比如页面非常漂亮等,将会一时遮盖已经存在的失误。但是,有些失误是非常致命的,比如市场预测的严重失误,会造成委托方巨大经济损失,也可能会将承揽方牵扯到法律纠纷中。

五、合同隐患型风险

合同隐患型风险是指由于合同中存在着不明条款而出现的不确定性。由于文书格式不同、或遗漏相应条款、或双方解释各异、或执行发生偏差等原因,合同非常容易因为存在意见分歧而发生纠纷。因为合同是为了确保将来的合作能够顺利进行而对合作的各方做出的某种约束,由于合作的内容往往是对未来结果的预判,客观上存在着对将来不确定因素考虑不够周全的可能。另外,有些合同风险则是对方故意设置却不易察觉的文字圈套。以上原因都将使合同存在一定的隐患。

六、环节脱离型风险

环节脱离型风险是指由于正常的业务环节发生了突然断裂或意外迟缓而出现的不确定性。一项完整规范的大型设计业务将包括许多颇为繁琐的工作环节,而且这些工作环节会不断地反复,造成前后认识或目标要求不一等情况,这将是一种潜在的风险。因此,只有严格认真地按照步骤进行,才能顺利地按照要求合同完成。如果项目执行团队贪图省事,或责任心不强,很有可能造成整个项目步调不一致、忙闲不均匀、标准不统一等脱节现象,为设计工作埋下了风险的种子。

第四节　服装设计业务风险的防范

风险是可以防范的,也是可以被利用的,只要措施得当,时机适宜,就能有效地防止风险的发生,巧妙地利用风险中可能蕴藏的机会。防范风险是主动性防御风险发生的行为,在风险发生之前,通过一些蛛丝马迹,对种种客观迹象做出自己的准确判断,而不是等风险发生以后才采取的被动性补救。当然,要做到这一点,管理者的经验起到了非常关键的作用。

一、防范原则

在实践中,对风险的判断并不是高深莫测的,有些风险完全可以在事先被察觉,但是,人的惰性或者说是侥幸心理,往往使人放松警惕而放任不管。因此,防范风险的过程实际上是对人的耐心、耐力以及责任心的考验。一般来说,人们可以采取以下几个防范风险的原则:

(一)务实性原则

务实性原则是要求业务双方均应该认清商业行为的性质和特点,熟知设计业务全部流程,去除侥幸心理或情面观点,坚持实事求是的工作态度。风险往往表现为某种事故,这种事故的起因非常多样,有些是一些毫不起眼的小事情,有些是牵一发动全身的关键环节,它们均有可能客观地存在于设计业务的许多操作环节中。由于责任双方各执己见,有些事故难以分清责任,即使分清责任,也可能于事无补,而造成的损失却可能是无法挽回的。因此,不绕圈子,不打哈哈,事先声明等客观务实的工作态度可以在一定程度上有效地防止此类现象的发生。

(二)清晰性原则

清晰性原则是要求在与其他人员进行工作内容交接的情况下,必须以十分规范的专业方式,将需要交接的内容解释清楚,并以有效方式得到确认。一项合作业务往往需要双方或者多方部门的很多人员参加,有些设计业务的内容根本无法用语言或文字正确表达,必须依靠图形的辅助。如果是因为理解上的错误而不是主观故意地造成一些人为事故,那将是十分遗憾的,因为当事人的工作愿望是良好的,只要他们能够在交接环节中明白无误地解释清楚每一个环节,这些事故应该是完全可以避免的。因此,正确有效的沟通在设计业务中的重要性非比寻常。

(三)辨别性原则

辨别性原则是从人的本位出发,对合作各方进行人格上的辨识,防止主观故意地危害业务进展等情况的发生。业务合作就是人与人的合作,气场相近或风格相同的人容易走得更近,人的诸多习性为业务带来了不确定性。东方商业文化的特点是情义为重,尤其是在中国,"要做事情,先交朋友"的观念根深蒂固,业务总是在熟人与朋友之间周转,这种观念被带入完全应该是非常讲究职业操守的业务经营中,将会影响到业务的正常进展。如果在业务展开之前,对对方的人品人格进行一次暗中评估,了解一些工作以外的情况,就能做到心中有数,杜绝业务风险的发生。

(四)平衡性原则

平衡性原则是指权衡业务的利弊得失,不要被一时的表面利益蒙蔽,抓大放小地保证设计工作的有序进行。有些设计业务在开展之前就表现出较大的不确定性,比如需要以投标的成败来检验工作结果的业务,或者与以前在业内留下不良口碑的合作方进行合作等。一般来说,这种业务应该放弃为好,但是,现实中的某些情况不能一刀切,事物永远是在发展变化之中的,如果由于种种原因而不得不承接此类业务时,应该认真地权衡一下利弊得失关系,对其中可能存在的风险做好思想准备,必要时,应该事先考虑到应急预案,才不至于当业务遭遇风险时,发生惊慌失措的情形。

(五) 自律性原则

自律性原则是指对行业内的设计业务及其做法有一个清晰的认识,保证自己能够遵守行业内的游戏规则,不去破坏业务上的某种规定程式。每个行业都有自己约定俗成的行业规矩,其中还包括一些技术规范。虽然这些规矩并无明文条例,但是,它是长期以来在行业内逐步形成的习惯做法,具有一定的积极意义,有时能起到行业自律作用,需要从业人员共同遵守。如果有人在业务过程中破坏了这些人人皆知的不成文规矩,尽管这些行为不存在触犯国家刑律的问题,却极有可能因为首先践踏了行业规矩而遭到业内唾弃,某些意想不到的风险也可能随之而来。

(六) 守时性原则

守时性原则是指必须按照合同规定的时间节点,把握好完成业务的节奏,准时完成规定的任务。时间是商业活动的关键要素之一,许多工作都是以时间为计算单位的(表9-2)。由于每个时间节点之后都有相应的后续工作,一旦延误,可能会给完成后续工作的方面造成很大的麻烦。在实际工作中,为了掌握工作的主动性,整个设计业务的各项工作应该比合同规定的时间略微提前地完成,利用节约出来的时间进行自查,万一发现问题,还能有自我补救的时间,进行及时纠正。恪守时间不仅可以为设计团队带来良好的口碑,也是向外界证明自己工作能力的有效方法。

表9-2 曼迪品牌时间节点

曼迪14/15秋冬目标品牌市场调研行程及日期安排

	时间/天	7月7日	7月8日	7月9日	7月10日	7月11日	7月12日	7月13日	7月14日	7月15日	7月16日	7月17日	7月18日	7月19日	7月20日
南方 Team	星期	一	二	三	四	五	六	日	一	二	三	四	五	六	日
	上海	会议	上海补充	上海补充	整理	汇报	休息	休息	效果图课及出发准备						
	杭州	上海补充								上海-杭州	杭州	杭州-上海	整理	整理	整理
	时间/天	7月21日	7月22日	7月23日	7月24日	7月25日	7月26日	7月27日	7月28日	7月29日	7月30日	7月31日	8月1日	8月2日	8月3日
	星期	一	二	三	四	五	六	日	一	二	三	四	五	六	日
	上海	整理	整理	整理											
	深圳				上海-深圳	深圳	深圳-广州	广州	广州	广州-上海	整理	整理	整理	休息	休息
	时间/天	8月4日	8月5日	8月6日	8月7日	8月8日	8月9日	8月10日	8月11日	8月12日	8月13日	8月14日	8月15日	8月16日	8月17日
	星期	一	二	三	四	五	六	日	一	二	三	四	五	六	日
	上海	汇报	调整	调整	调整	二次汇报	休息	休息		文化研究	图稿绘制	流行研究		休息	休息
	时间/天	8月18日	8月19日	8月20日	8月21日	8月22日	8月23日	8月24日	8月25日	8月26日	8月27日	8月28日	8月29日	8月30日	8月31日
	星期	一	二	三	四	五	六	日	一	二	三	四	五	六	日
	上海		文化研究	图稿绘制	流行研究		休息	休息		文化研究	图稿绘制	流行研究		休息	休息
北方 Team	时间/天	7月7日	7月8日	7月9日	7月10日	7月11日	7月12日	7月13日	7月14日	7月15日	7月16日	7月17日	7月18日	7月19日	7月20日
	星期	一	二	三	四	五	六	日	一	二	三	四	五	六	日
	上海	会议	上海补充	上海补充	整理	汇报	休息	休息	会议	出发准备	出发准备				
	北京											上海-北京	北京	北京	北京
	时间/天	7月21日	7月22日	7月23日	7月24日	7月25日	7月26日	7月27日	7月28日	7月29日	7月30日	7月31日	8月1日	8月2日	8月3日
	星期	一	二	三	四	五	六	日	一	二	三	四	五	六	日
	北京														
	长春	北京-长春	长春	长春	长春-上海										
	上海					整理	休息	整理	整理	整理	整理	整理	休息	休息	休息
	时间/天	8月4日	8月5日	8月6日	8月7日	8月8日	8月9日	8月10日	8月11日	8月12日	8月13日	8月14日	8月15日	8月16日	8月17日
	星期	一	二	三	四	五	六	日	一	二	三	四	五	六	日
	上海	汇报	调整	调整	调整	二次汇报	休息	休息		文化研究	图稿绘制	流行研究		休息	休息
	时间/天	8月18日	8月19日	8月20日	8月21日	8月22日	8月23日	8月24日	8月25日	8月26日	8月27日	8月28日	8月29日	8月30日	8月31日
	星期	一	二	三	四	五	六	日	一	二	三	四	五	六	日
	上海		文化研究	图稿绘制	流行研究		休息	休息		文化研究	图稿绘制	流行研究		休息	休息

二、防范方法

生活经验告诉我们：有光线就必然有阴影。风险与利益犹如光与影的关系，任何可以产生利益的地方，一定存在着形形色色的风险，无非是风险的大小及其破坏程度的不同而已。因此，既然风险是不可避免地存在的，就应该以认真务实的态度，采取积极有效的防范措施，杜绝风险进一步蔓延的可能性。对合作双方来说，倘若对风险处理不当，都可能引起不堪设想的后果。对委托方来说，轻则坐失良机，重则财产受损；对承揽方来说，轻则臭名远扬，重则破产倒闭。事实证明，只要方法得当，很多风险是可以防范的，只有妥善处理各种各样的业务风险，才能化险为夷，变风险为机遇。具体来说，服装设计业务的风险防范应该采取以下几个方法：

（一）明确职责法

明确职责法是指在风险发生之前，应该采取科学而客观的态度，查找发生风险的原因，分清防范工作职责。职责明确是达成各方谅解的前提，表明了化解矛盾的积极态度。对于因对方原因而造成的损失，应该有凭有据地要求其确认，让对方心服口服。对于因本方原因而造成的损失，应该敢于承担，让对方心生敬仰。对于因各方原因造成的损失，本方应该在首先承认错误的情况下，取得对方的谅解并承认自己的错误。

（二）化解矛盾法

化解矛盾法是指面对复杂的风险因素，首先应该初步断定风险的性质，在因职责分属而必须承担后果的可接受范围内，把风险因素从大到小、由小到无地化解殆尽。这一原则决不是为了掩盖矛盾，而是为了及时填补漏洞，如果在某些问题上双方对风险的因素争执不休，将会错过解决问题的最佳时机，导致风险损失的最终酿成，并有可能产生新的风险。如果一方能在风险职责上做出一些让步，将十分有助于风险因素的最终消除。

（三）极尽所能法

极尽所能法是指面对已经发现的风险因素，本方应该抱着积极处理的态度，拿出可以拿出的全部力量，投入到化解风险的活动中去，从而赢得对方的尊重。换一个角度来看，不管造成风险的原因是什么，或责任该由谁来承担，风险给委托方造成的实际损失其实也会反作用于承揽方，因为委托方是承揽方的业务来源，如果前者蒙受重大损失，也会中断其后续业务，形成"城门失火，殃及池鱼"的连带效应。

（四）清理现状法

清理现状法是指受到风险牵连的各方应该及时而彻底地进行实际现状的调查，从而有针对性地制定化解风险的措施。清理现状的目的是为了摸清事情的底细，找到可能还残留着的其他不确定性因素，为分析风险性质和估算风险程度提供客观依据。清理的原则应该是由大到小、由粗到细、由上到下、由前到后地有序进行，使残留的不确定性因素水落石出，彻底掌握可能会影响到以后工作环节的隐患。

（五）及时收款法

及时收款法是指对合同约定中的应收款必须如期收回，减少资金损失的风险。资金是利益的载体，往往也是风险的焦点，只有尽可能减少在外流动的资金，才能保证发生风险时减少不必要的损失。有时，一些委托方因为资金紧缺等原因，会设法拖延项目甚至放弃项目，有些个别不良企业考虑到既得利益的问题，所以就干脆设法抵赖。因此，一般的做法是把合同划分为三三制，在收取一部分定金以后，按照项目完成的进度，逐步收回资金。

（六）消除恶因法

消除恶因法是指在风险处理原则的指导下,尽快消除或者分离已经存在的不良因素,使得风险因素无法交汇而难以集中爆发。只有当诸多不确定性因素集中交汇时,才会导致风险事件的发生。如果人们能够主动地消除其中一些带有明显不良倾向的不确定性因素,并且随时监测和防范这些因素的沉渣泛起,风险就没有了再进一步蔓延的可能,也就不会最终发展成为风险事件。

（七）加强沟通法

加强沟通法是指通过内部与外部之间的认真沟通,相互增进理解和提示,化解矛盾。人们之间的矛盾很多是因为沟通不善而引起的,如果能加强沟通的次数与力度,就容易消除矛盾,风险因素自然就得到了缓解。内部沟通是在工作中团队成员之间的沟通。良好的内部沟通容易培养团队成员之间默契的工作关系,避免不必要的人为障碍的产生可以确保工作良好的完成。外部沟通是与客户进行的沟通。为了能够了解客户的真实想法,必须加强沟通。

（八）迎合需求法

迎合需求法是指在坚守本方底线的前提下,一切行为以客户需求为中心,克服因本方的固执己见而可能出现的风险苗头。设计人员常常过于理想化,喜欢按照自己的意愿完成一项任务。事实上,委托方对业务有自己的理解和要求,并不希望因为承揽方发表过多的意见而使业务方向脱离原来的轨道。对于设计团队来说,任何设计创意都应该要考虑迎合多方面的需求,一意孤行地将自己的意愿强加给别人,势必会增加风险发生的机率。

（九）项目评价法

项目评价法是指在设计业务进行到一定阶段,承揽方邀请委托方参与阶段性项目评价,使委托方顺着本方的业务规律前行,直至项目的最终完成。这种"部分完成、部分验收"的方法,有助于提醒委托方记得自己以前对项目做出的肯定评价,不会因为人员变动或心血来潮等原因而轻易地推翻对项目前期所作的结论。此时,可以将项目评价分为三部分内容:即项目前期评价、项目中期评价、项目后期评价。

（十）风险转移法

风险转移法是指通过双方签订契约等形式,将承揽方的风险转移给委托方承担的行为。风险转移可大大降低这种转移的发起方的风险程度,但是,商业行为奉行的原则是公平交易,没有哪一方愿意无缘无故地为另一方承担风险,因此,在风险转移的同时,往往需要转移相等或相当的利益,才能使风险转移行动成为可能的事实。所以,这是务必在认真权衡利益得失以后才能做出的决定。

本章小结

服装设计业务风险可以对委托方和承揽方造成很多不良后果,其最大恶果不是因业务的实际结果与预期结果不相吻合而有可能导致委托方拒绝支付承揽方的项目尾款或奖励提成等资金损失,而是会危害委托方的比设计业务经费大得多的实际利益。对于大多数服装项目投资来说,用于支付设计业务本身的资金是非常少的,而用于与业务直接对应的生产、销售等资金则十分庞大,至于其中的间接损失更是不可估量,因此,避免和克服风险是设计团队必须面对的现实问题。本章从风险可能造成的危害出发,提醒服装设计业务的相关各方必须重视风险,提出了风险的类型、原因和如何防范风险的出现,以及一旦出现风险危机后的解决方法,目的在于努力防范风险,并将风险带来的危害降低到最低限度。

思考与练习

　　1.　除了本章所述服装设计业务风险的主要危害之外,还有怎样的其他危害?

　　2.　如何才能从设计团队的内部工作机制或工作流程出发,防止风险的出现?

附录1　产品评审意见表

×××品牌 ××××季 　　　　　　　　　　　　　　　　　　　　　　　第×轮

系列号/款号/色号	评审意见	分值

姓名：　　　　　　部门：　　　　　　　　　　　　　评审日期：

附录 2　设计方案增补表

×××品牌 ××××季　　　　　　　　　　　　　　　完成日期：

原系列号	新系列号	增补要求				
		款式	色彩	面料	其他	担当人

部门：　　　　　制表人：　　　　　　　　　　　　制表日期：

附录 3　××××项目进度表

×××品牌 ××××季

团队成员	工作任务	工作要点	日期（按星期或日）																		
			1	2	3	4	5	6	7	8	9	10	11	12	13	14	15	16	17	18	19	20
×××	××××××××××	××××××××××						★														

部门：　　　　　制表人：

制表日期：

（说明：用可以表示完成质量的不同图形或数字，在"日期"栏内填空或移动，动态而直观地显示项目进度，根据需要调整团队进度）

后 记

在服装设计专业课程体系中,"男装设计""女装设计""服装品牌策划"等设计课程是相对独立的专业知识模块,后续课程应该是将这些专业知识模块结合起来的专业应用模块,把掌握的专业知识落实到具体的应用当中。服装设计实务课程正是在此前提下开设出来的一门技能性和操作性很强的实务性课程。

本课程的主要内容是贯穿从承接业务到后期服务的服装设计业务全过程,以独立设计机构为重点,也包括服装企业内部设计团队,就如何开展服装设计工作实务为主线,从目前我国服装行业的实际情况出发,对服装设计实务的定义、特征、类型、要求等方面进行了概述,阐明了它的宏观与微观、业务来源和行为规范等成长基础;对服装设计实务的前期、中期、后期三个时期的主要环节进行了重点分析;指出了如何拓展服装设计业务的条件、原则、渠道、方法、要点等五个方面;通过对服装设计实务的辅助环节、常见弊病以及存在风险的分析,为正确开展服装设计实务和建立良好的职业道德奠定基础认识。

本课程的重点不在于对服装设计专业知识模块作深入的探讨,而是在于分解这些知识,简略了关于如何展开具体产品设计的内容,对一些不属于设计工作本身、却又是一项完整的设计工作不能缺少的其他工作内容进行了适当的介绍,是对诸多课程中可用于服装设计实务的知识梳理,强调它们在实践中应用和表现。为学生指出在服装企业(含独立设计机构)中的服装设计业务的实际操作方法,也为毕业生今后开创自己的服装设计工作室奠定实务方面的专业基础。

本课程的选课对象是已经掌握了专业知识模块课程的高年级学生,要求选修者必须掌握服装设计的一般专业知识,才能使选修本课程的效果更为有效。本教材也可作为有志于开拓服装设计业务的业内人士或服装设计爱好者的参考用书。

本教材的编写得到了东华大学服装学院的大力支持,本学院"服装设计"国家级教学团队的无私帮助,他们有着非常丰富的实践经验,为本教材做了不少基础工作,特别是李峻副教授、曹霄洁副教授和青年教师厉莉博士、顾雯博士的支持,不仅配了全部插图,还提供了不少文字素材,在此表示特别感谢。

参考文献

［1］刘晓刚.品牌服装设计［M］.上海:东华大学出版社,2007.

［2］刘晓刚.品牌服装运作［M］.上海:东华大学出版社,2007.

［3］刘晓刚.服装设计方法论［M］.北京:中国纺织出版社,2009.

［4］刘晓刚,李峻,曹霄洁.创办小型服装企业［M］.上海:东华大学出版社,2008.

［5］［美］杰·戴蒙德杰拉德·皮特.服饰零售采购买手实务［M］.王琪,弓卫平,译.北京:中国纺织出版社,2007.

［6］吴俊,张启泽.成衣跟单［M］.北京:中国纺织出版社,2005.

［7］孙宗虎.产品管理流程与工作标准［M］.北京:人民邮电出版社,2007.

［8］玛丽·吉尔海厄.服装设计师创业指南［M］.姜宗彦,译.北京:中国纺织出版社,2006.

［9］潘肖珏,谢承志.商务谈判与沟通技巧(2 版)［M］.上海:复旦大学出版社,2006.

［10］丁建忠. 商务谈判教学案例［M］.北京:中国人民大学出版社,2005.

［11］顾苗勤.服装采购作业指南［M］.北京:中国经济出版社,2006.

［12］冯麟.服装跟单实务［M］.北京:中国纺织出版社,2009.

［13］陈莹主.服装设计师手册［M］.北京:中国纺织出版社,2008.

［14］常亚平.服装企业管理模式［M］.北京:中国纺织出版社,2007.

［15］马丽群.服装陈列设计［M］.沈阳:辽宁科学技术出版社,2008.

［16］陈桂玲.服装企业业务流程设计与再造［M］.北京:中国纺织出版社,2008.

［17］陈桂玲.服装企业客户关系管理［M］.北京:中国纺织出版社,2008.

［18］邓汝春.服装业供应链管理［M］.北京:中国纺织出版社,2005.

［19］庄立新.成衣产品设计［M］.北京:中国纺织出版社,2009.

［20］宁俊.服装品牌企划实务［M］.北京:中国纺织出版社,2008.

［21］赵洪珊.现代服装产业运营［M］.北京:中国纺织出版社,2007.

［22］刘云华.服装商品企划理论与实务［M］.北京:中国纺织出版社,2009.

［23］彭剑锋.人力资源管理概论［M］.上海:复旦大学出版社,2005.

［24］罗宾斯,贾奇.组织行为学［M］.李原,孙健敏,译.北京:中国人民大学出版社,2008.

［25］陈荣铎,邱胜男.商务礼仪［M］.北京:旅游教育出版社,2009.